认识飞机

刘光启　高煜杰

主编

机械工业出版社
CHINA MACHINE PRESS

飞机为什么能飞？为什么飞机的"尾巴"都是向上翘的？飞机也需要"食物"吗？面对飞机，也许你有各种各样的问题，那就阅读本书吧，这是一本帮你全面认识飞机的科普读物。从飞天梦的起源开始，一步一步讲解飞机是如何诞生的、飞机的主要部件以及功能、飞机的动力源泉以及飞机所需要的"食物"，并对如何操控飞机进行了详细的介绍，最后还介绍了飞机大家族那些重要的成员，以及飞机设计师是如何设计飞机的。书中还加入了一些关于飞机的有趣小故事，提升阅读的趣味性。

本书既适合青少年课外阅读，也适合航空爱好者阅读。

图书在版编目（CIP）数据

认识飞机 / 刘光启，高煜杰主编. — 北京：机械工业出版社，2022.3（2023.10重印）
ISBN 978-7-111-70228-3

Ⅰ.①认… Ⅱ.①刘… ②高… Ⅲ.①飞机 – 普及读物 Ⅳ.①V271-49

中国版本图书馆CIP数据核字（2022）第032168号

机械工业出版社（北京市百万庄大街22号 邮政编码100037）
策划编辑：黄丽梅   责任编辑：黄丽梅
责任校对：张 征 张 薇   责任印制：常天培
北京宝隆世纪印刷有限公司印刷

2023年10月第1版第2次印刷
170mm×184mm · 8印张 · 136千字
标准书号：ISBN 978-7-111-70228-3
定价：49.00元

电话服务   网络服务
客服电话：010-88361066   机 工 官 网：www.cmpbook.com
          010-88379833   机 工 官 博：weibo.com/cmp1952
          010-68326294   金 书 网：www.golden-book.com
封底无防伪标均为盗版   机工教育服务网：www.cmpedu.com

前　言

　　随着时代的进步，大家一定对"飞机"这个名词不陌生了。我们经常在天空中看到它，也可能在航空博物馆或博览会见到过，甚至多次乘坐过，与它有过亲密接触。那亮丽的外表，流线型的身躯，简直就是能工巧匠精雕细琢出来的工艺品。客机宽敞明亮的客舱和流星赶月般的速度，战机惊险刺激、翻滚自如的动作，简直令人惊叹不已。

　　可是，在100多年以前，人类飞天梦的实现一直没有实质性的飞跃，直到美国莱特兄弟制造的第一架飞机诞生，这个梦想才终于变成现实，从而拉开了航空时代的序幕。在50年前，想要乘坐飞机旅行还是一个奢望，但是现在，对不少人来说已经是家常便饭了。早期的飞机上只有飞行员一个人，可现在，不仅可以用它来载人、运货、救护、作战，航天飞机还可以多次往返于地球与太空之间，去探索宇宙的秘密，甚至在部分地区无人机也已经投入运行。

　　青少年朋友们，你们对飞机一定很好奇吧，它是如何被发明的，为什么能飞？它由哪些零部件组成，是如何一步步改进和完善的？它靠什么操纵，这个大家族中有哪些成员？最古老和最先进的飞机性能怎么样，有些什么趣闻和趣事？你想知道的，就是我们所要讲述的。让我们一同穿越时光隧道，去分享那一段段逝去的精彩时光吧。等你看完这本书之后，一定会对它产生浓厚的兴趣，引发更多的思考和遐想，甚至会立志将来要当一名飞行员（民航飞行员称为驾驶员），驾驶它在蔚蓝的天空中翱翔；或者立志当一名设计师，设计出更先进的飞机，为航空航天事业做出贡献。

目前，我国最著名的航空航天院校是北京航空航天大学和南京航空航天大学。他们多年来为我国培养了大批优秀的专业人才，成了航空航天事业的中流砥柱和骨干力量，正在为祖国的航空航天事业贡献着聪明才智。你们中的一些人，或许不久以后也会成为这个群体中的一分子。

青少年朋友们：祖国的航空航天事业需要你们的参与，祖国在期望和召唤你们！为了这个宏伟目标，立航空志，报祖国恩，奉献你们的聪明才智吧！

需要说明的一点是，从严格的定义上来说，飞艇、滑翔机、直升机和航天飞机，都不属于飞机范畴。本书的叙述，是建立在广义飞行器的概念之上的。

本书由刘光启、高煜杰任主编，孟庆东、王曙光、赵梅、张磊、赵国庆、张友娟、张玲玲、陈景行、田宝森、史芸、张陶、朱士伟、张春生和刘蕾参加编写，高原参加了部分图片的后期制作。

本书在编写过程中，参阅了大量的图书资料，并得到了许多同仁的大力帮助，在此一并表示感谢！

读者有任何关于本书的问题，均可与作者取得联系（15192686899@163.com）。

编　者

目　录

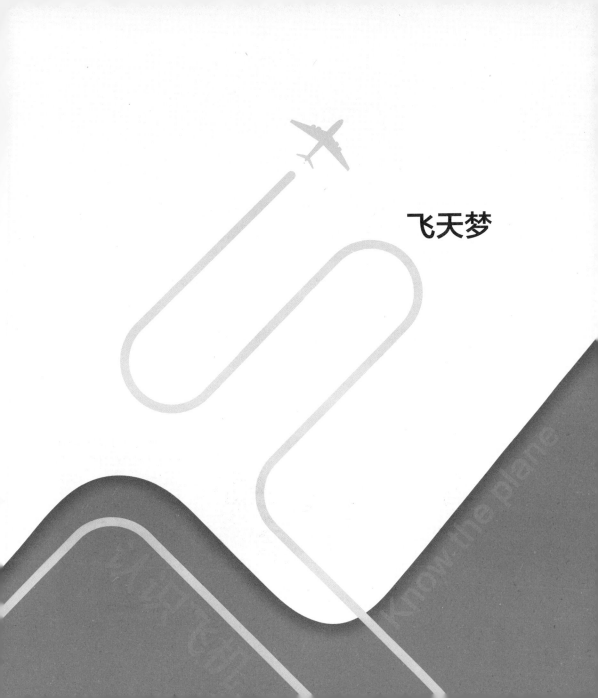

飞天梦

飞天梦的起源

　　鸟类能在天空中自由自在地翱翔，鹰的飞行高度甚至可达9千米，比世界上最高的山峰——珠穆朗玛峰还要高，这不仅在古代，即使在当今也令人类羡慕不已。

　　"要是人也能飞上天空，该有多好啊！"受了鸟类飞行的启发，人类开始有了飞天梦，并试图借助风筝、土火箭和气球之类的器具实现这一目的。众所周知的中国古代神话故事"嫦娥奔月"、古希腊神话里带翅膀的女神，都反映了人类想要在天空翱翔的美好梦想。如今，人类经过千百年的努力，已经将这一梦想变为现实，不仅能上天，而且还能登月。

鹰飞行的雄姿

嫦娥奔月

古希腊神话里带翅膀的女神

相关链接

世界上飞得最高、最快和最远的是什么鸟?

1. 据科学资料记载,目前世界上飞得最高的鸟是大雁,平均飞行高度为1万米。而我国西北部高山湖泊地区的夏候鸟——斑头雁,又是大雁中的佼佼者,飞行高度可达17680米左右。

2. 世界上短距离飞得最快的鸟是军舰鸟(右边喉囊红色的为雄性),它们凭着高超的飞行技能,从空中截夺其他鸟捕的鱼。俯冲下来追捕猎物时,速度能达到418千米每小时。它们胸肌发达,善于飞翔,在12级的狂风中也毫不畏惧,素有"飞行冠军"之称,虽然体重仅1.5千克左右,但翅展可达2.3米。

3. 世界上飞得最远的鸟是北极燕鸥。它们每年经历两个夏季,从其北极的繁殖区南迁至南极洲附近的海洋,之后再北迁回繁殖区,行程约40000千米。

大雁

军舰鸟

北极燕鸥

最早的飞行践行者

中国人是最早的飞行践行者，数百年前，就从对蜻蜓飞翔的观察中受到启示，制成了会飞的竹蜻蜓，令儿童爱不释手。18世纪传到欧洲后，对空气螺旋桨乃至后来直升机的设计产生了重要的推动作用。

相传在2400多年前的春秋战国时期，墨子就制造了木鸢（yuān，老鹰）。不过，"墨子为木鸢，三年而成"，但"一日而败"。

后来，鲁班用竹子替代木材加以改良制成了风筝。在南北朝（420年—589年）时期，风筝已经开始成为传递信息的工具。到了隋唐时期，由于我国的四大发明之一——造纸术的发展，人们有了更好的材料，开始用纸来裱糊风筝。唐代晚期，有人在风

竹蜻蜓

墨子

木鸢

鲁班用竹子等制成的风筝

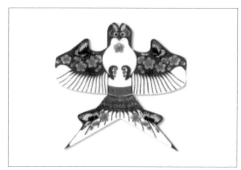

隋唐时期用纸裱糊的风筝

筝上加了琴弦，风一吹，就发出像古筝那样的声音，故名风筝。

由于风筝能飞得很高，形状、颜色方面具有很高的辨识度，又有一定的载重量，故可以作为测量距离、传递信息、跨越天险的神奇工具。

后来，隋唐时期，我国发明了火药，并用它制成鞭炮和火箭。明朝时还用火药制成了多种火箭武器。

鞭炮

明朝火箭武器"火龙出水"

风筝的影响

中国科学院外籍院士、英国科学史学家李约瑟在《中国科学技术史》一书中，汇编了从公元 1 世纪到 18 世纪，先后传到欧洲的中国发明有 26 项，其中第 13 项就是风筝。

13 世纪时，意大利的旅行家马可·波罗自中国返回欧洲后，便将风筝制作技术带到当地，并广为传播，后来成为欧洲滑翔机的前身，奠定了人类航空梦想的第一步。

美国国家航空航天博物馆的大厅里挂着一只中国的风筝，在它边上写着"人类最早的飞行器是中国的风筝和火箭"。美国国家航空航天博物馆的第一批藏品就是中国风筝。2000 多年前中国人发明的风筝，虽然不能载人到天空飞翔，但把它称为飞机的鼻祖却当之无愧。

中国的风筝不仅奠定了人类实现航空梦想的基石，而且为富兰克林研究雷电提供了可能。没想到风筝的影响竟然这么大！

富兰克林用风筝捕捉雷电（油画）

最早利用火箭飞天的人

14世纪末期，明朝有位被称为万户的士大夫，试图借助土火箭的推力和风筝的升力飞上天空。他在椅子的背后绑上47枚土火箭，两只手各握一个大风筝的把手，然后命仆人点燃土火箭，成为人类飞天的第一位真正实践者。尽管这次试验是一次失败的悲剧，但万户被公认是"世界上第一个想利用火箭飞行的人"，为了纪念他，20世纪70年代，国际天文联合会决定以他的名字命名月球上的一座环形山。

万户试图借助土
火箭和风筝飞行
（画）

热气球和飞艇

　　热气球的原理是将密度小于空气的气体充入球囊，利用其产生的浮力升空。这种气体最初是热空气，后来是氢气，更为理想的是氦气。

　　热气球的球囊底部有加热冷空气用的燃烧器和吊篮。升空后，通过控制热空气量的多少来操纵上升或下降。由于热空气的密度仅比空气稍低，因此，上升的高度不能很高。

　　1783 年，法国一位造纸商的儿子蒙特哥菲尔兄弟，制作了一个很大的热气球，容积约 1700 立方米。球囊底部用铁链吊挂着火盆，用稻草投入燃烧器加热空气，然后热气球载人飞上了 950 米的高空，在巴黎上空翱翔约 25 分钟。

　　随着时代的不断发展，技术也在逐渐进步。1766 年，法裔科学家卡文迪许在英国发现了氢气，这是到那时为止已知的、密度最小的气体，也比较容易制得。14 年后，法国化学家布拉克把氢气灌入猪的

蒙特哥菲尔兄弟
制作的热气球

膀胱中，制成了世界上第一个氢气球。又过 15 年后，莱姆赛和另一位英国化学家特拉弗斯，发现了不可燃且同样很轻的气体，即元素周期表里排在第 2 位的氦。虽然氦很难获得，工业上产量极低，价格极其昂贵，但是非常安全。

在发明了热气球后，人们马上就想方设法推进和驾驶热气球。1784 年，法国罗伯特兄弟制造了一艘飞艇，长 15.6 米，最大直径 9.6 米，充氢气后可产生约 10000 牛顿的升力。后来几经改进，在气囊上设置了放气阀门和脚踏式螺旋桨，制成了人力飞艇。

相关链接

热气球对大气层科学研究的贡献

热气球不仅可用于旅游观光，而且还有科学研究价值。1933 年 9 月 30 日，苏联首次进行同温层飞行科学探险活动。巨大的"苏联一号"同温层气球搭载三位科学家顺利升空，考察宇宙射线、大气层的导电性，并证实了不同高度上的空气成分是相同的，创下了当时飞行高度海拔 18950 米的新世界纪录，并安全返回地面。1935 年，美国的"探险者 2 号"平流层气球上升到 22066 米，记录了各个方向的射线强度和太阳光谱等科学数据。20 世纪 30 年代以来，用气球作为动力的无线电探空仪、无线电经纬仪和测风雷达等，对高空气象探测也起到很大的作用。

认识飞机

飞天梦的突破

18世纪末以前，人类的飞天梦虽然已经从风筝、热气球、飞艇发展到无动力滑翔机的水平，但还是无法取得突破性进展。直到英国的科学家瓦特成功改进了效率很低的蒸汽机，后来蒸汽机被应用到飞艇和飞机上，才为人类实现飞天梦创造了最必要的条件。

1852年，法国人吉法德制造出了长度近44米、最大直径约12米、气囊容积近2500立方米的飞艇，并在上面安装了功率为2.2千瓦的蒸汽机，用来操纵螺旋桨（没有方向舵），成功地在巴黎上空飞行了27千米，宣告了动力飞艇的诞生。

1900年7月20日，由德国的冯·齐柏林研制的一艘飞艇首飞。

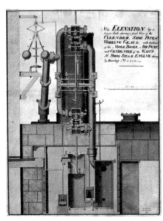
瓦特改进蒸汽机的设计图

吉法德制造的安装了蒸汽机的软式飞艇

其外壳是用硬铝合金制成的，外罩织物蒙皮，由 16 个氢气气囊，产生

升力，有两台发动机，飞艇速度可达到 25 千米每小时。发展到

1936 年，世界上最大的飞艇——"兴登堡号"飞艇飞上蓝天，它的

长度达到 245 米，最大直径 41 米，重量 230 吨，气囊容积近 20 万立

方米，速度 135 千米每小时，续航时间 200 小时，可载 50 名旅客（改

造后更多）或数吨物品。而当时的飞机，只能搭载一两个人，相比之

下有点相形见绌。所以说，在飞机具有运输能力之前，飞艇是空中交

通的主要工具。一生制造了 113 架飞艇的德国人齐柏林，因此被誉为

"飞艇之父"。

　　但是飞艇存在致命的弱点，就是它使用的气体为易燃易爆的氢气。

"兴登堡号"飞艇在 1937 年 5 月 6 日的一次例行载客飞行着陆时起火，

"兴登堡号"飞艇

成 97 位旅客和工作人员中的 36 人及 1 名地勤人员死亡，给整个飞艇运输业造成毁灭性的打击，不久之后就被新兴的民航飞机取代。

在现代，飞艇又找到了它的用武之地。由于它能垂直升降，长时间悬停，不消耗燃料，经济性好，但是速度较慢，易受风力影响，操纵也不便，所以多用于娱乐、庆典等方面。

2001 年，德国开始采用全新材料制造新一代飞艇，气囊内填充氦气，并安装了先进的发动机和卫星导航系统，逐渐恢复了飞艇的游览观光业务。2004 年 7 月 4 日，全长 75 米，艇宽 20 米，有 3 台发动机，可容纳 12 名乘客及两名机组人员的半硬式"齐柏林 NT 号"飞艇，从位于德国南部的飞艇生产基地出发，途经丹麦、瑞典、芬兰和俄罗斯抵达目的地日本东京，完成了长达 1.1 万千米的旅行。2008 年 10 月 25 日，它还飞越旧金山湾的金门大桥，抵达位于加州山景城

现代飞艇多用于娱乐、庆典等方面

"齐柏林 NT 号"飞艇飞越金门大桥

乘氦气球旅行

氦气很轻，不会爆炸，很适合填充气球，但价格较高。所以乘氦气球高空旅行，是现代才有的事。

2015 年 7 月，美国飞行员布拉德利和俄罗斯飞行员图科特亚夫，乘坐"双鹰"号氦气球（内装有 1 万立方米氦气，所带补给可供两人飞行 10 天。配备了先进的导航系统，还有急救箱、睡袋、取暖器，以及与地面控制中心联络的通信设备等），从日本佐贺县起飞，飞越太平洋，降落在墨西哥巴哈海滩附近海域。此次的飞行距离是 10695 千米，持续时间为 6 天 16 小时 38 分钟。

的一个机场。

现代飞艇不仅可用于观光旅游，也可用于军事目的，如构建空中指挥作战平台、替代无人机或人造卫星提供廉价的情报监控数据。

意大利科学家、发明家达·芬奇在研究了鸟的飞行后，于 1485 年利用仿生原理设计了一种扑翼飞机，幻想用它来载人飞行。但由于其扑翼和鸟类的翅膀在结构和力度上差距悬殊，最终未能成功。尽管如此，大家仍然认为他是人类飞行的先驱。

1871 年，23 岁的德国人奥托·李林塔尔开始研究滑翔机，用竹和藤作为骨架，并在表面缝上布，制造了一架滑翔机。机翼长度最长

达·芬奇设计的扑翼飞机

李林塔尔和他制作的滑翔机

达 7 米，很像蝙蝠展开的双翼，还装有尾翼。人的头部和双肩可以从两翅之间进入，整机重量约 20 千克。1891 年首次进行飞行试验时，他把自己吊在滑翔机的翅膀上，从 15 米高的山岗上跳起，最后飞行了 300 米并成功降落，成为滑翔机在世界上的首次飞行，他也因此闻名于世。

此后，李林塔尔更加热衷于研究滑翔机，在 5 年中先后进行了两千多次的飞行试验，并对滑翔机进行了多次改进，不过滑翔机上仍然安装舵面，以期控制飞行方向。1896 年 8 月的一天，在飞行试验时，由于风力特别大，滑翔机被吹到 30 米高的上空，翅膀被折断，年仅 48 岁的李林塔尔不幸遇难。

李林塔尔去世后，他的一位弟子——英国人佩尔西·皮尔彻，继

滑翔机为什么能飞?

要使飞机飞起来,必须满足三个条件。一是机翼产生的升力大于或等于飞机重力。二是拉力(或推力)等于或大于机翼受到的阻力。可若要使飞机飞得平稳,还必须满足第三个条件,也就是三个方向的力矩平衡。那么,滑翔机上没有发动机,它依靠什么力量升空呢?

原来,它是靠弹射或拖曳的方式起飞的。前者是把滑翔机置于弹射器上,由蓄能机构产生弹力;后者是像放风筝那样,将滑翔机系在绞车或汽车上,拖曳达到适当速度和高度后,再让其自由翱翔。另外,自古至今,一直都有沿用从高坡上向下滑、靠人的腿力滑跑起飞的滑翔机。最近,瑞士一家科技公司,采用轻质的碳纤维材料,试制出一架叫作"始祖鸟"的单人滑翔机,最高时速可达 130 千米。

滑翔机起飞以后,要靠上升气流的力量来维持飞行,由飞行员操作保持平衡。

"始祖鸟"单人
滑翔机

往开来，笃志于研究滑翔机。他在滑翔机上安装了降落用的车轮，并经过刻苦钻研，制成了带发动机的滑翔机。然而不幸的是，皮尔彻在后来的试验中发生事故，于 1899 年去世。

李林塔尔的另一位弟子赫林，也一直在潜心研究滑翔机，他与美国学者合作，终于制成了带上下复翼的滑翔机，它有水平尾翼和垂直尾翼，是后来飞机的雏形。

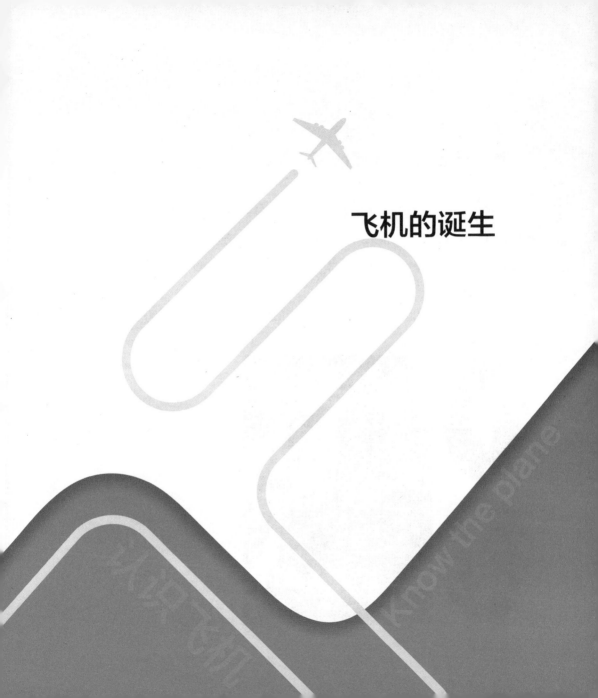

飞机的诞生

莱特兄弟和"飞行者一号"

　　哥哥威尔伯·莱特和弟弟奥维尔·莱特是美国人，在他们年幼的时候，有一年的圣诞节，他们的爸爸从外地赶回来，给他们带回一份圣诞礼物。兄弟俩迫不及待地把礼盒打开，看到一个怪怪的玩具。他们拿在手上摆弄着，不知道怎么玩。

　　这时爸爸过来给他们做展示，他把上面的橡皮筋扭紧，然后一松

莱特兄弟童年和
成年时的照片

手，只见上面的东西像风车一样转了起来，随后就飞到了空中。"啊，真是太有趣了，它能像鸟一样在空中飞！"从那以后，莱特兄弟就对飞行产生了兴趣，并且一直在想：如果我也能飞上天就好了！

在追求人类飞天梦想的道路上，先后有几十人献出了生命，如上面提到的万户、李林塔尔和皮尔彻等。不过这些事故都没能阻挡人类追求梦想的步伐，前人的努力为后人的成功积累了丰富的经验。

莱特兄弟长大后，开了一家自行车修理店，但他们并没有停止对飞机的研究。修理店和后来的小车间，为他们提供了最基本的工作条件。"有志者事竟成""有付出就有回报"，莱特兄弟通过不断地努力摸索，在吸取了前人经验的基础上，于 20 世纪初相继制造了三架无动力滑翔机，其中，1902 年的第三号滑翔机已能进行长时间、有效控制的滑翔飞行，飞行高度达到 180 米。

为了提高飞翔的速度和高度，后来莱特兄弟在滑翔机上安装了 8.8 千瓦的水冷 4 缸活塞式发动机（与飞行员左右并列，飞行员趴着操纵），并将其命名为"飞行者一号"。1903 年 12 月 17 日，"飞行者一号"试飞时在空中停留了 59 秒，飞行距离达 260 米，成为人类历史上第一次有动力、

莱特兄弟的第三号滑翔机

载人、持续、稳定、可操纵的飞行器的首次成功飞行。莱特兄弟的天才创造拉开了人类动力航空史的帷幕，把人类过去的梦想从神话变成了现实。

为此，美国一位物理学家在《影响人类历史进程的100名人排行榜》中，将他们排在第28位。这架动力飞机"飞行者一号"成了现代飞机的鼻祖，他们兄弟俩成了世界公认的飞机之父！

相关链接

中国航空博物馆内有"飞行者一号"的复制品

为了纪念莱特兄弟的伟大功绩，"飞行者一号"被陈列在美国国家航空航天博物馆的最显赫位置。中国航空博物馆内，陈列了200多架飞机，其中有99架文物飞机，就包括莱特兄弟的"飞行者一号"的复制品。

首架飞越英吉利海峡的飞机

1908年，英国一贵族拿出1000英镑，悬赏第一个驾驶飞机成功飞越英吉利海峡的人。因为有数年飞机驾驶的经验，法国发明家、飞机工程师、飞

飞行者一号

行家路易·布莱里奥向这个奖项发起挑战。他于 1909 年 7 月 25 日，带着他研制的"布莱里奥 11 号"飞机，开始了飞越 35 千米的英吉利海峡的征程，历时 37 分钟。这次飞行不仅让布莱里奥赢得了 1000 英镑的奖金和名垂青史，他所用的飞机也成了全世界知名品牌飞机。

查尔斯·林白独自驾机首飞大西洋

　　1927 年 5 月 21 日，美国陆军一名飞行员查尔斯·林白，独自驾驶瑞安 NYP "圣路易斯精神"号首飞大西洋获得成功。如今这架飞机陈列在美国国家航空航天博物馆中。

　　1927 年 6 月 11 日，美国第 30 任总统柯立芝为林白颁发了"杰出飞行十字勋章"，并接见了他和他的母亲。

布莱里奥

"布莱里奥 11 号"飞机

瑞安 NYP "圣路易斯精神"号飞机

我国航空之父

我国在航空方面也未曾落后，19 世纪 90 年代初期，当欧美各国的飞机研制如火如荼时，我国也出现了一位了不起的人物，他就是我国航空工业史上第一个飞机设计师、制造师和飞行家——冯如（1883—1912）。

冯如少年时前往美国谋生，钻研机械工艺技术。受 1903 年莱特兄弟发明"飞行者一号"的影响，立志从事飞机制造。他白天在工厂劳动，晚上研读各类科技书籍，还辗转到纽约的专业学校半工半读。1906 年，他以"壮国体，挽利权"为宗旨，由华侨筹资，潜心钻研航空技术。1907 年，他在奥克兰开始设计飞机。1909 年 9 月 21 日，他驾驶自制的"冯如 1 号"，在奥克兰附近成功试飞，圆了中国人的

冯如

"冯如 1 号"模型

千年航空梦。

　　1910 年，冯如又制成了一架双翼飞机"冯如 2 号"，并在奥克兰举行的国际比赛中，以时速 105 千米、高度 213 米、航程 32 千米的成绩荣获优等奖。

　　当时，世界上已经有 800 多架飞机，但中国的土地上却还一无所有。受孙中山先生的鼓励，1911 年 2 月，他毅然带领助手，携带自制的两架飞机以及制造飞机的机器，踏上了归国的航程。

　　不久，辛亥革命爆发了，冯如加入革命军，被任命为广东革命军首个飞机长。他在广州燕塘建立了中国第一个飞机制造厂——广东飞行器公司，带领助手用了仅 3 个月的时间，就制成了一架性能与"冯如 2 号"相仿的飞机。这是在国内制成的第一架飞机，揭开了中国航空工业史的首页。

　　但不幸的是，1912 年 8 月 25 日，年仅 29 岁的他，在广州燕塘的飞行表演中因飞机失事而牺牲。他的爱国和进取精神，永远激励着中国航空人。2009 年，在中国航空百年暨空军建军 60 周年之际，中国空军授予他"中国航空之父"称号。走在今天的广州黄花岗公园，一座手书"中国始创飞行大家冯君如之墓"的碑塔引人注目。这位伟大的航空人，与黄花岗七十二烈士相伴而眠。

　　中国人自行设计、制造的第一架飞机的升空，揭开了中国载人动力飞行史的第一页。如今，中国科技馆中摆放的、承载着民族航空梦

冯如之墓

想与荣光的 1 : 4 "冯如 1 号" 复原模型，与同展厅的 "鲲鹏" "翼龙"
等当代战机模型交相辉映。

飞机的主要部件

飞机的主要部件一般是指机身、机翼、尾翼、蒙皮、起落架等，它们的作用分别是：

机身用于装载和传力，同时连接机翼、尾翼、发动机和起落架；此外，还要安置空勤组人员和旅客，装载燃油、武器、各种仪器设备和货物等。

机翼产生升力，连接襟翼、副翼、前缘缝翼和外挂件，有的还要安置油箱等。

蒙皮保持外形并传递气动力。

尾翼用于增强飞行的稳定性。

起落架用于起降滑跑、地面支承。

教练机、民航客机、战斗机、轰炸机和直升机的部件图分别如下图所示。其他种类的飞机也与此大同小异，只是根据各自机型的需要和特点，改变某些布局或增减设备和装置。

一、机身

机身一般都呈流线型，特别是现代飞机（隐身飞机另有要求除外），不仅表面光滑，而且左右对称，简直就是一件非常漂亮的工艺品。

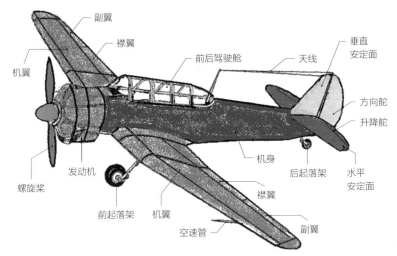

副翼
襟翼
机翼
前后驾驶舱
天线
垂直安定面
方向舵
升降舵
机身
发动机
螺旋桨
后起落架
水平安定面
前起落架
机翼
空速管
襟翼
副翼

教练机的部件图

翼尖小翼
垂直安定面
方向舵
客舱
升降舵
水平安定面
油箱
后舱门
驾驶舱
襟翼
副翼
前舱门
发动机
前缘缝翼

民航客机的部件图

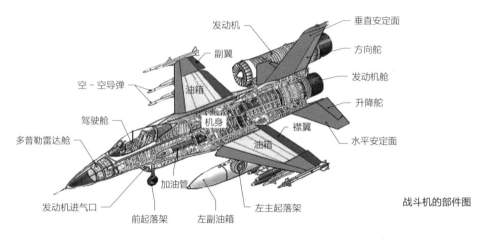

发动机　垂直安定面
副翼　方向舵
空-空导弹　发动机舱
油箱　升降舵
驾驶舱　襟翼
机身
多普勒雷达舱　水平安定面
油箱
发动机进气口　加油管　左主起落架
前起落架　左副油箱

战斗机的部件图

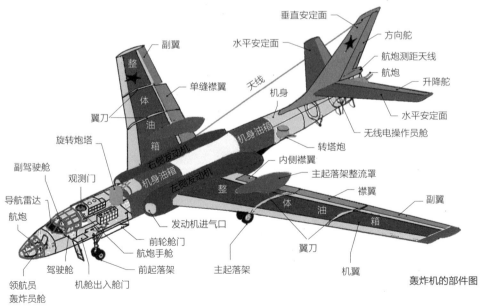

副翼　垂直安定面
整　水平安定面　方向舵
单缝襟翼　航炮测距天线
体　天线　航炮
翼刀　机身　升降舵
油　水平安定面
旋转炮塔　箱　机身油箱
右侧发动机　无线电操作员舱
副驾驶舱　机身油箱　转塔炮
观测门　左侧发动机　内侧襟翼
导航雷达　整　主起落架整流罩
航炮　体　襟翼
油　副翼
发动机进气口　箱
前轮舱门　翼刀
航炮手舱　机翼
驾驶舱　前起落架　主起落架
领航员　机舱出入舱门
轰炸员舱

轰炸机的部件图

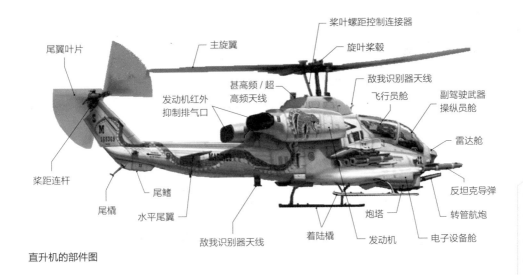

尾翼叶片　主旋翼　桨叶螺距控制连接器　旋叶桨毂　敌我识别器天线　飞行员舱　副驾驶武器　操纵员舱　甚高频 / 超高频天线　发动机红外抑制排气口　雷达舱　桨距连杆　反坦克导弹　尾鳍　转管航炮　尾橇　水平尾翼　敌我识别器天线　着陆橇　炮塔　发动机　电子设备舱

直升机的部件图

（一）型式

　　世界上的绝大多数飞机都只有一个机身，但是也有一种左右并列配置两个机身的双体飞机，其优点是内部容积较大，可多装载人员、武器和机载设备等，缺点是阻力也随之增大。它们多为早期的低速飞机，例如 20 世纪 40 年代美国空军的 F-82 战斗机和德国的 Fw189 战术侦察 / 炮兵校射机、Bv141 侦察机。

　　Bv141 侦察机是 1940 年德国的飞机设计师福格特设计的，是世界上唯一一架非常奇葩的、左右不对称的侦察机，最大飞行速度为370 千米每小时。其设计目的主要是改善驾驶舱的视野，便于侦察，

F-82 战斗机

德国的 Fw189 战术侦察 / 炮兵校射机

德国 Bv141 侦察机

Bv138 水上飞机

但同时也带来许多飞机操纵性方面的问题，所以在 Fw189 服役后便放弃了，一共只生产了 13 架。福格特设计的 Bv138 水上飞机，也以标新立异、构思独特而闻名。

（二）结构

飞机机身的结构有构架式、半硬壳式（又分为桁梁式和桁条式）和硬壳式几种。

1. 构架式

因为早期的飞机小、速度低，对外形的要求不高，所以采用构架式结构。机身的剪力、弯矩和扭矩全部由构架承受，隔框、桁条为木质，蒙皮为布质，只承受局部空气动力，不参加整个结构的受力。框架式结构简单、工艺性好，但抗扭刚度差，内部容积不能充分利用。

2. 半硬壳式

（1）桁梁式　为现代飞机普遍采用，它由一组隔框用多根桁条、大梁串接起来，外面再蒙上蒙皮。隔框是横向构件，有普通隔框、壁板式隔框和加强隔框之分。桁条和大梁（可以看作是加强的桁条）是

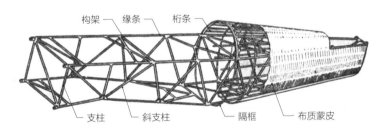

构架　缘条　桁条
支柱　斜支柱　隔框　布质蒙皮

构架式机身

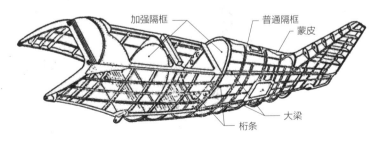

加强隔框　普通隔框　蒙皮
桁条　大梁

桁梁式机身

纵向构件。隔框、桁条和大梁起连接机翼、尾翼、支持蒙皮维持机身外形的作用。蒙皮承担飞行中产生的剪力和弯矩。

（2）桁条式机身　由桁条、蒙皮和隔框组成，受压稳定性好，弯矩引起的轴向力全部由上、下部的蒙皮和桁条组成的壁板受拉、压来承受。机身结构的抗扭刚度大，适用于较高速飞机。

3. 硬壳式

采用较强的框架形成机身的外形，较厚的蒙皮承受主要应力，没有纵向加强件。由于它的重量较大，现代飞机较少采用这种结构。

在机身材料方面，现在很多飞机机身采用碳纤维复合材料壁板，以减轻重量，提高力学性能，并减小雷达的反射截面积。

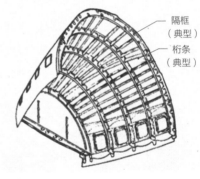

隔框
（典型）

桁条
（典型）

桁条式机身

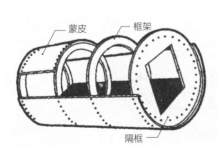

蒙皮

框架

隔框

硬壳式机身的结构

碳纤维复合材料机身壁板

二、机翼

机翼是飞机最重要的部件之一，对称地安装在机身两侧。其作用主要有两个：一是产生升力（大约90%的升力都由它产生），二是安装改善起飞和着陆性能的襟翼以及用来操纵飞机滚转

起落时襟翼的状态

的副翼等。高速飞机的机翼前缘装有前缘缝翼等增加升力的装置。另外，一些飞机的发动机、起落架和油箱、弹药舱等也可能安装在机翼上。

相 关 链 接

机翼的升力是如何产生的？

空气流过机翼时，其上表面空气流速大于下表面空气流速，故上表面压力小，下表面压力大，这就产生了升力。升力 L 的数值大小与当地空气密度 ρ、飞机速度 v 的平方、机翼面积 s 成正比，同时也与机翼升力系数 c_y 有关。机翼升力系数和迎角的关系如下图所示。

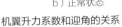

a）负升力状态　　　　b）正常状态　　　　c）失速状态

机翼升力系数和迎角的关系

（一）型式

机翼的型式包括数量、布置形式、平面形状和剖面形状等项目。

1. 机翼的数量

现代飞机都是单翼机，双翼机已极为少见，三翼机早已经被淘汰。这是因为多翼的效率低，而且会增加阻力。

单翼机　　　　　　双翼机　　　　　　三翼机

2. 机翼的布置形式

机翼的布置形式分上单翼、中单翼和下单翼三种。

上单翼：机翼装在机身上方，乘客视野好，也方便炸弹的吊装，多用于客机和轰炸机或水上飞机（避免起落时受到水的喷溅）。这种

上单翼　　　　　　　　中单翼　　　　　　　　下单翼

布置方式滚转稳定性有余而敏捷性不足。

中单翼：机翼安装在机身中部，空气阻力小，便于与机身的连接，通常用于歼击机。

下单翼：机翼安装在机身下部，起落架布置容易，维修发动机等设备时也方便，多用于大型客机和运输机。这种布置方式滚转敏捷性有余而稳定性不足。

3. 机翼的平面形状

机翼的平面形状有矩形、椭圆形、梯形、三角形、后掠和变后掠等几种。为便于制造，低速飞行的小型机，机翼多采用矩形翼。大型的高速飞机普遍多采用后掠翼；超声速飞机则采用三角翼，例如英法合建的协和号客机，速度达 2 马赫，机翼前段后掠角达到 70°，后段也达到 57° 之多。有的高速歼击机还采用变后掠翼。

4. 机翼的剖面形状

机翼的剖面形状与升力关系密切，从早期的矩形翼的平板剖面到后来的层流翼剖面、菱形翼剖面，机翼的升力性能越来越好，空气阻力越来越小。

5. 上反翼和下反翼

根据机翼弦平面与水平面夹角正负来分,可分为上反翼和下反翼。上反翼滚转稳定性好而敏捷性不足, 所以航模一般都是上反翼。下反翼滚转敏捷性好而稳定性不足, 所以军用飞机常用下反翼。

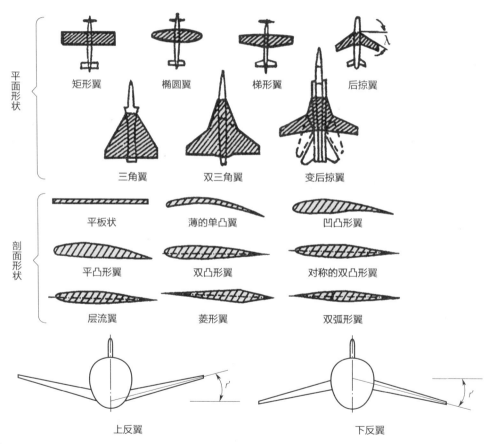

平面形状

矩形翼　　　椭圆翼　　　梯形翼　　　后掠翼

三角翼　　　双三角翼　　　变后掠翼

剖面形状

平板状　　　薄的单凸翼　　　凹凸形翼

平凸形翼　　　双凸形翼　　　对称的双凸形翼

层流翼　　　菱形翼　　　双弧形翼

上反翼　　　下反翼

（二）结构

机翼一般由蒙皮、翼梁、前后梁、对接接头、桁条和翼肋，以及襟翼、副翼、前缘缝翼和扰流板等组成。翼梁和前后梁承担升力产生的弯矩；对接接头用于机翼和机身的连接；桁条和翼肋把蒙皮上的空气动力传给翼梁和前后梁；襟翼和前缘缝翼在起飞降落中增加升力；扰流板在降落中增加阻力；副翼在飞行中提供滚翻力矩。

机翼的结构分为梁式（单梁式和双梁式）和整体式（单块式和多

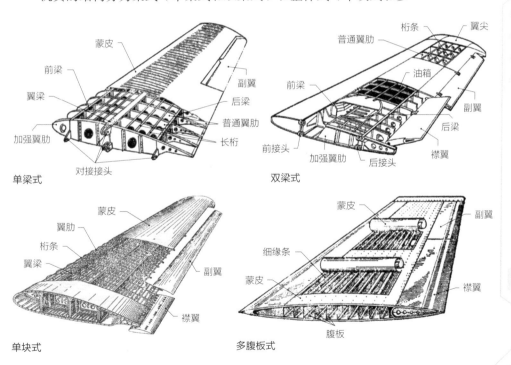

单梁式

双梁式

单块式

多腹板式

腹板式）。

　　机翼的梁是机翼的重要受力构件，有翼梁、前梁和后梁之分。增加升力的前缘缝翼和前缘襟翼，安装在前梁上；改善起飞和着陆性能的后缘襟翼和横向操纵的副翼，安装在后梁上。

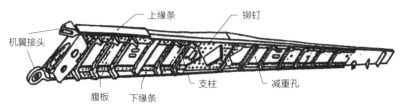

机翼翼梁

相关链接

机翼的前梁和翼肋上为什么要挖那么多孔？

　　在航空界设计者中有句名言，也是他们的信条："为减轻每一克重量而奋斗。"机翼的前、后梁和翼肋上有很多孔，就是为了减轻它不必要的重量。可以想象，一架飞机有几万甚至几十万个零件，如果每个零件的重量都能多减少一克，那么就能减轻几十千克甚至几百千克的重量。在同样条件下，可以载更多的油，从而能飞得更远；或者运送更多的乘客。所以我们也就不难理解，为什么美国波音公司曾在波音 787 飞机的研制过程中，愿意投入 3 亿美元经费，研究在某些部位用钛合金取代铝合金，以此来达到减重 2500 千克的目标。

有的机翼翼梢为什么向上弯？

在航空界，翼梢上弯的部分术语叫作翼梢小翼。其作用是像一堵墙一样，阻碍上下表面空气的绕流，从而减少飞行阻力。在 20 世纪 70 年代末期，美国国家航空航天局在 KC-135 飞机上安装了翼梢小翼，使最大飞行高度增加了 3.4%，升力系数增大了 4.88%，航程增加了 7.5%。因而翼梢小翼成了远程民航客机的标配。

无翼梢小翼的涡流

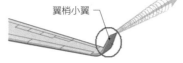

翼梢小翼

有翼梢小翼的涡流

翼梢小翼的形状多种多样，有端板式（波音 747-400、空客 A330 和 A340），也有分岔式（波音 737MAX）、环形式（"猎鹰 50"公务机）、融合式（波音 737NG）。不过支线客机安装翼梢小翼，增加的费用不能够抵消减少阻力达到的节油效果，因此，一般没有翼梢小翼。

襟翼和缝翼

飞机在起落过程中的速度较小，所以要求翼型必须有较大的升力系数，这就要求机翼剖面的形状能够改变。我们乘坐客机时，在起飞降落时可以看到机翼后端有物体伸出并下偏，这就是襟翼。高速客机机翼前端还会有前缘缝翼和前缘襟翼。

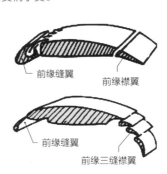

前缘缝翼   前缘襟翼

前缘缝翼

前缘三缝襟翼

前缘缝翼有什么用？

在飞机放下襟翼的时候，高速气流可能会使上表面接近机翼后缘部分发生分离，产生不规则涡流，导致升力下降。前缘缝翼的作用就是将机翼下表面的气流引导到上表面，吹散那些涡流，保证机翼能提供足够的升力。

为什么飞机降落时，机翼上站起来一排东西？

扰流板和襟翼滑轨整流罩

机翼上站起来的一排东西就是所谓的扰流板，按作用不同分为地面扰流板和飞行扰流板。

地面扰流板只能在地面使用，当飞机着陆时，地面扰流板会完全打开，从而卸除机翼的升力，增大阻力，提高制动效率，缩短飞机的着陆滑跑距离。

飞行扰流板则既可在空中使用，也可在地面使用。飞行扰流板在地面使用时，与地面扰流板相似。在空中使用时作用主要有以下三个方面：

（1）减速和破坏机翼的升力，从飞机主轮接地开始，扰流板是完全展开的。

（2）下降时有减速作用，飞机在短时间内下降比较多的高度，此时需要扰流板减速。

（3）飞机转向时，飞机的横滚是机翼的副翼跟扰流板共同作用的结果，如果需要短时间横滚坡度大，可把左／右其中一侧的扰流板放出。

下图中机翼后方方块中的锥形物是什么？

这两个锥形物的学名叫作襟翼滑轨整流罩，它的里面是襟翼传动装置。简单说，襟翼向下滑动、弯曲就是靠这个整流罩里面的机械装置来完成。为了减少阻力和起保护作用，上面加了整流罩。

机翼还可以折叠或变形？

机翼一般都是分左右两件，各自用接头与机身固定。必要时（舰载机停放于甲板，或者普通飞机进入机库时），可以做成翼展方向向上折叠或变形的形式。美国国家航空航天局位于加利福尼亚州的阿姆斯特朗飞行研究中心，甚至在试验使用一项记忆合金新技术，允许飞机在空中折叠机翼，用不同的角度飞行。

机翼可折叠或变形的飞机

三、尾翼

尾翼是飞机不可或缺的组成部分。

（一）尾翼的型式

尾翼按形状分有水平尾翼、V形尾翼、双垂尾翼和十字尾翼等几种（有的高速飞机进行特别设计，可以没有尾翼）；按垂尾位置高低分有正常垂尾和高垂尾。

为了改善跨声速和超声速飞行器在高速飞行中的纵向操纵性，如今许多超声速飞机都将水平尾翼设计成可偏转的整体，称为全动平尾。

1. 水平尾翼

是飞机通常采用的型式，是指保持飞机纵向稳定和操纵的翼面。

2. V形尾翼

对飞机操控系统要求很高，驱动系统也会比较重，并且一侧失效后要保持飞机的可控性比较难，在目前来说设计者对其还是比较谨慎的。

3. 双垂尾翼

有利于减少尾翼的面积，增强隐身性能，提高飞机的机动性，方

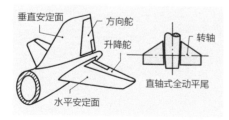

水平尾翼和全动平尾

V形尾翼

便进出机库或存放，而且折叠方便，比单翼稳定。它对于速度较高、隐身要求也较高的双发动机飞机尤其适合，不过由于需要积累很多成熟的经验，不能贸然采用。

4. 十字尾翼

把螺旋桨放在最后，故机翼和尾翼上的气流均处于层流状态，提高了效率，但是下垂尾容易触地，故很少采用。

双垂尾翼

十字尾翼

5. 无尾飞机

是指没有水平尾翼和前翼的飞机，其俯仰平衡和操纵靠机翼后缘升降副翼来完成。随着迎角和马赫数的增大，垂尾提供方向控制的能力迅速下降，如果采用更大面积的垂尾，必将增加飞机的重量和阻力，也不利于隐身的要求。为了改善起飞着陆性能，无尾飞机通常采取较大的机翼面积，将飞机重心移到气动中心之后，再配以前缘增升装置。

无尾飞机

（二）尾翼的结构

飞机尾翼包括水平尾翼和垂直尾翼两部分。它们相当于小的机翼，

相关链接

什么是鸭式飞机？

鸭式飞机是无水平尾翼，而在机翼前面加设前翼（又称鸭翼）的飞机。前翼可以代替水平尾翼起到俯仰操纵和平衡的作用；也可以仅用固定前翼，这时飞机的俯仰操纵由机翼后缘的升降副翼来完成。鸭式飞机因有前翼而不易失速，有利于简化飞机驾驶和保证飞行安全，但带来的缺点是起飞和着陆性能不好。在超声速飞机上采用小展弦比、大后掠角的三角形前翼和机翼，它们之间存在有利的气流干扰，在一定程度上弥补了鸭式飞机的缺点。

鸭式飞机

结构也与其类似，也是由蒙皮、梁、桁条和肋构成，只是尺寸要小一些。

水平尾翼由水平安定面和升降舵组成，其作用是保持飞机在飞行中的俯仰稳定性和控制飞机升降。垂直尾翼由垂直安定面和方向舵组成，其作用是保持航向稳定和控制飞机航向。

四、蒙皮

蒙皮的作用主要是维持飞机外形，使之具有很好的空气动力特性，并将空气动力传递到相连的骨架上。为适应不同的飞行速度和要求，其材料由最早的帆布、层板，发展到金属（铝合金、钛合金、不锈钢等）和碳纤维。

在现代飞机上，蒙皮的材料要求比强度高、塑性好、抗蚀能力强，大多是经热处理的铝合金；高速飞机还有用钛合金、合金钢和复合材

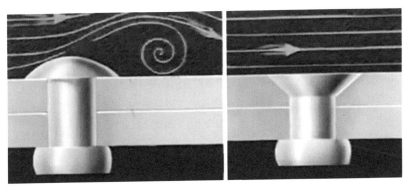

用圆头和平头铆钉铆接

料的；隐身飞机的蒙皮还要能降低雷达反射截面积。总的发展趋势是复合材料和钛合金的比例越来越高。

蜂窝蒙皮

蒙皮与机身的连接，根据场合的不同，可以采用铆接、焊接、粘接和螺栓连接。

未来有的飞机可能要求蒙皮智能化，在蜂窝状的蒙皮里面安装很多小型的传感器，用于接收和采集各种各样的外界信息，然后传递给中央计算机，进行精确的检测。甚至有些飞机还要求蒙皮能够根据需要进行相应的变形，从而进一步提升飞机的性能以及信息的采集能力。

相关链接

飞机蒙皮用的铝合金，为什么叫杜拉铝？

铝合金的密度低，强度比较高，塑性好，可加工成各种型材，具有优良的导电性、导热性和抗蚀性，工业上广泛使用。1906 年，法国工程师维尔姆在一次实验中，发现在铝中加入一定量的其他金属成分时，硬度和强度均有所增加，这种铝合金，后来由杜拉金属公司制造成功，故称为杜拉铝。由于它可热处理强化，具有较高的力学性能，适于制造飞机的构件（如蒙皮、壁板、桁条、翼肋等），1930 年后，杜拉铝迅速在航空界应用，这个俗名也广为人知。

五、起落架

飞机起落架是在地面支承飞机的装置，以保证它在起飞、着陆、滑行和停放时机身不倾斜，其作用就好像人的腿脚一样。另外，它还有承受和消耗飞机在着陆时撞击产生的能量以及在滑跑与滑行时操纵飞机的作用。

起落架可分为固定式和收放式两种。早期飞机的飞行速度低，对飞机的气动外形要求不严，因此起落架都是固定式，在空中飞行不能收起。采用滑橇式滑行装置的飞机的起落架也是固定式，其起落场地一般为冰雪覆盖的机场，或为松软的土质跑道和草地。

水上飞机没有起落架，它们在起落时依靠机身（船身）在水面滑行加速，在地面停放或维修时要借助辅助轮。当然，水陆两栖类飞机仍然需要自带起落架。

1. 起落架的型式

起落架按轮子的布置方式分为后三点式、前三点式、自行车式和多支点式。

最早的飞机起落架都是后三点式，为了改善飞机的起落性能和飞行员的视野，后来改进为前三点式。自行车式仅应用于机翼比较薄或者机身中没有空间收藏起落架的飞机。多支点式起落架仅应用于大型飞机。

固定式起落架（外加整流罩）

滑橇式起落架

后三点式起落架

前三点式起落架

自行车式起落架

多支点式起落架

2. 收放式起落架的结构

随着飞机速度的提高，为了减少空气阻力，从1920年开始，人们逐步将起落架改成收放式。收放式起落架的结构复杂，承受水平撞击减振效果差，密封装置易磨损。

收放式起落架有支柱式和摇臂式两种。

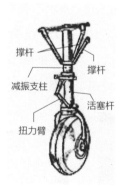

支柱式

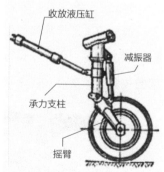

摇臂式

3. 起落架的收放位置

前起落架舱的位置都在机头下腹部，主起落架的收放则有多种形式，可以收在机身中、机翼根部或机翼中部。

高速歼击机也有采用自行车式起落架的，即两副主起落架，起飞后收在机身内（另有两个辅助小轮，起飞后收在机翼内）。

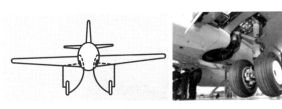

收在机身中

收在机翼根部

收在机翼中部

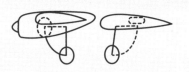

收在机翼中部竖放（左，加整流罩）和收在机翼中部平放（右）

4. 缩短飞机起落距离的措施

飞机的起落距离受到机场跑道长度或其他条件的限制。为了缩短飞机的起飞距离，可以采用弹射起飞或助力起飞等方法。为了缩短飞机的降落距离，除了采用襟翼和前缘缝翼增升装置、起落架制动以外，还可以打开机翼和机身上的阻力伞，有的飞机上还有推力逆转装置，使发动机喷出的气体向前流出；在航母上则可采用拦阻钩。

弹射起飞

在陆地上采用阻力伞

助力起飞

在航母上采用拦阻钩

飞机起飞、降落时，到底是顺风好还是迎风好？

影响飞机升力的主要因素有四个，分别是机翼面积、飞行速度、大气密度和升力系数。因为飞机升力和飞行速度的平方成正比，所以影响最大。迎风起飞、降落时，飞机的实际速度为飞行速度与空气速度之和，所以得到的升力比无风和顺风的时候都要大，故迎风起落可以缩短飞机的起落距离。

飞机的动力源泉

　　飞机要飞行就需要有前进的动力，以克服空气阻力和自身重力，这种产生拉力或推力的动力来源于航空发动机。鉴于它的重要性，人们常常把它比作飞机的心脏。

　　航空发动机的功用是：

　　（1）为飞机提供推力，为直升机提供转动旋翼的动力。

　　（2）提供飞机所使用的电力。

　　（3）驱动液压系统，以操纵飞机的起落架和控制舵面。

　　（4）提供客舱增压气源、除冰系统的热源等。

　　航空发动机的分类方法和用途是：

航空发动机	吸空气发动机	活塞式发动机	活塞螺旋桨发动机	用于螺旋桨飞机
		燃气涡轮发动机	涡轮螺旋桨发动机	
			涡轮喷气式发动机	用于喷气式飞机
			涡轮风扇发动机	
			矢量发动机	
			涡轮轴发动机	用于直升机
		冲压喷气式发动机		用于高速飞行器
		脉冲喷气式发动机		用于靶机、导弹或航空模型
	火箭喷气式发动机	化学火箭发动机	液体火箭发动机	用于火箭和航天器
			固体火箭发动机	
		核火箭发动机		
		电火箭发动机		

下面挑选几种用得较多的发动机进行详细介绍。

一、螺旋桨飞机的发动机

螺旋桨飞机是用螺旋桨加发动机推进的飞机，第二次世界大战结束之前的飞机，几乎都属于这一类，在现代亚声速飞机中仍占有重要地位。螺旋桨飞机又有单发、双发、四发之分。

螺旋桨飞机的发动机包括活塞螺旋桨发动机和涡轮螺旋桨发动机。前者用于小型低速飞机和大部分无人机；后者是在20世纪50年代发展起来的，具有耗油低、寿命长、功率大、重量轻的优点，适于为中短程客机、货机和轻型轰炸机提供动力。

相关链接

螺旋桨的工作原理是什么？

飞机螺旋桨在发动机驱动下高速旋转，从而产生拉力或推力，牵拉或推动飞机向前飞行。

飞机的螺旋桨是怎样产生拉力的呢？桨叶的剖面形状与机翼的剖面形状很相似，桨叶在高速旋转时，产生牵拉桨叶向前的空气动力。

螺旋桨的叶片是不是越多越好？

从工作效率上来讲，桨叶数量越少越好。但随着发动机功率的增加，显然需要加大桨叶直径，或者增加桨叶宽度，但是这样会增加前起落架的高度或者造成桨叶材料、变距机构的设计上的困难。所以增加桨叶数量就是必然的了。例如苏联的图 -95 轰炸机，其螺旋桨的桨叶有 8 叶，两层螺旋桨在同一轴线上转动，转速相同，但转动方向相反。

图 -95 轰炸机的螺旋桨

（一）活塞螺旋桨发动机

从 1903 年第一架飞机升空到第二次世界大战末期，所有飞机都用活塞螺旋桨发动机提供动力，大型活塞螺旋桨发动机的功率可达 2500 千瓦。在 20 世纪 40 年代中期后的军用飞机和大型民用机上，活塞螺旋桨发动机已经逐渐被功率大、高速性能好的涡轮螺旋桨发动机取代，但小功率活塞螺旋桨发动机在现代轻型低速飞机和直升机上仍有应用。

由于单一活塞螺旋桨发动机的功率有限，因此人们将多个活塞螺旋桨发动机并联在一起，组成星形或 V 形。

活塞螺旋桨发动机主要由气缸、活塞、连杆、曲轴、气门机构、螺旋桨减速器、机匣等组成。活塞螺旋桨发动机大多是四冲程发动机，即一个气缸完成一个工作循环，活塞在气缸内要经过四个冲程，依次是吸气冲程、压缩冲程、做功冲程和排气冲程。

1. 吸气冲程

活塞在曲轴的带动下由上止点移至下止点，此时排气门关闭，进气门开启。气缸容积逐渐增大，空气通过进气门被吸入气缸。

2. 压缩冲程

进气冲程结束后，曲轴继续带动活塞由下止点移至上止点。这时，

星形　　　　　V 形

四冲程活塞式发动机的工作过程

进、排气门均关闭。由于气缸容积不断减小，气缸内的混合气体被压缩，压力和温度同时升高。

3. 做功冲程

压缩冲程接近结束时，喷油嘴喷入燃油，边喷油边燃烧，气体的体积急剧膨胀，压力和温度迅速升高。在气体压力的作用下，活塞由上止点移至下止点，并通过连杆推动曲轴旋转做功。这时，进、排气门仍旧关闭。

4. 排气冲程

开始时排气门开启，进气门仍然关闭，曲轴通过连杆带动活塞由下止点移至上止点，此时膨胀过后的燃烧气体在其自身剩余压力和活塞的推动下，经排气门排出气缸之外。当活塞到达上止点时，排气冲程结束，排气门关闭。

（二）涡轮螺旋桨发动机

涡轮螺旋桨发动机简称涡桨发动机，其构造如下页左图所示。它与活塞螺旋桨发动机除了驱动螺旋桨中心轴的动力来源不同外，螺旋桨的转速也不同。涡轮螺旋桨发动机的螺旋桨通常以恒定的速率运转，而活塞螺旋桨发动机的螺旋桨会依照发动机的转速不同而变化。所以涡桨发动机的减速器负荷重，结构复杂，制造成本高。

涡轮螺旋桨发动机的工作原理如下页右图所示，油和空气的混合

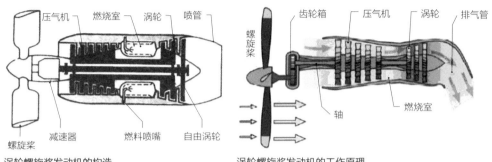

| 涡轮螺旋桨发动机的构造 | 涡轮螺旋桨发动机的工作原理 |

物经压气机压缩后，在涡轮室内燃烧产生压力，使涡轮轴旋转，即燃气能量转换为涡轮轴做功来驱动螺旋桨旋转。由于它有省油、低速性能好等特点，被广泛应用于巡逻、灭火、反潜、运输等机种。美国的 C-130 运输机及 EP3 反潜巡逻机等都是使用这种发动机，飞行速度大多小于 800 千米每小时。

（三）螺旋桨飞机发动机的布置

螺旋桨飞机的发动机大多为拉进式（螺旋桨在前），其布置一般取决于发动机的台数。

1 台发动机时，螺旋桨大多采用拉进式，装在机头，或者采用推进式，装在机尾。后者在过去比较罕见，而现在的无人机，螺旋桨均装在尾部。

2 台或 4 台发动机时装在机翼前缘，这种布置方式可降低机翼所受的载荷，使用广泛。

6 台活塞螺旋桨发动机（巨黄蜂）装在机翼后缘，使 B-36 成为推进式飞机。

单台发动机装在机头

单台发动机装在机尾

2 台发动机装在机翼前缘

4 台发动机装在机翼前缘

6 台发动机装在机翼后缘（另有 4 台喷气式发动机）

该机另有 4 台喷气式发动机装在机翼翼梢附近，翼展 70 米，上面可以站百余人，仅此一例。

二、涡轮喷气式发动机和涡轮风扇发动机

根据压气机级数和对应的涡轮压力的大小，涡轮喷气式发动机可分为单轴、双轴和三轴的，多用于超声速飞机。

（一）涡轮喷气式发动机

1. 单轴发动机

早期的轴流式喷气发动机大多是单轴的，压气机和涡轮固定在同一个主轴上。

单轴涡轮喷气式发动机由进气道、压气机、燃烧室、涡轮和尾喷管五大部件组成。空气通过进气道进入压气机后，高速旋转的叶片对空气进行压缩，并在燃烧室内和燃油混合、燃烧，形成高温高压的燃气。首先燃气在涡轮内膨胀，推动涡轮旋转带动压气机；然后燃气在喷管内继续膨胀加速，以较高的速度喷出，从而产生推力。工作原理相对简单，动力较强，但油耗高，部件磨损严重，一般用于歼击机等中小型高速飞机。

2. 双轴发动机

为了提高工作效率，后来人们把压气机分成了低压压气机和高压压气机，同时把涡轮也分成了高压涡轮和低压涡轮。

3. 三轴发动机

把压气机分成了低压压气机、中压压气机和高压压气机，同时把

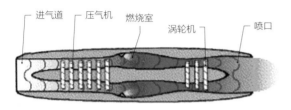

单轴涡轮喷气式发动机

进气道　压气机　燃烧室　涡轮机　喷口

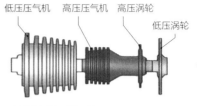

双轴涡轮喷气式发动机

低压压气机　高压压气机　高压涡轮　低压涡轮

涡轮也分成了高压涡轮、中压涡轮和低压涡轮，便出现了三轴发动机。它的效率更高，燃油消耗也更少。但是保证三根同心轴在高速旋转时有足够强度，是比较困难的事。

进气口　低压压气机　中压压气机　高压压气机　燃烧室　高压涡轮　中压涡轮　低压涡轮　喷管　高压转轴　中压转轴　低压转轴

三轴涡轮喷气式发动机

（二）涡轮风扇发动机

涡轮风扇发动机是双轴发动机的一种，其原理和单轴涡轮喷气式发动机一样，区别是前者只有单个流道，而涡轮风扇发动机在普通的双转子的涡轮喷气式发动机的基础上，加装了由涡轮驱动的风扇和一个外罩构成一个外涵道，外涵道喷出的空气直接排出发动机产生推力，而内涵道的气体直接进入燃烧室。

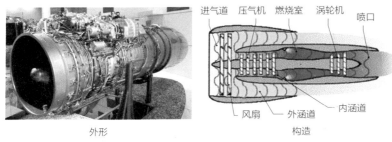

进气道　压气机　燃烧室　涡轮机　喷口

风扇　　外涵道　　内涵道

外形　　　　　　　　　　构造

涡轮风扇发动机的外形和构造

涡轮风扇发动机的结构复杂，功率相对小一点，但推进效率高，油耗也较涡轮喷气式发动机低，噪声低，一般不加力的涡轮风扇发动机用于高亚音速旅客机和运输机，带加力的涡轮风扇发动机则适用于超声速军用飞机。

（三）涡轮喷气式发动机和涡轮风扇发动机在飞机上安装的位置

这两种发动机在飞机上的安装位置，与飞机的种类、发动机的数目及型式有关。

1. 单台发动机

单台发动机大多安装在机身后段或机身下部。这种方式可让出机身短舱或前段的空间，以便容纳人员和武器装备。同时还有利于维护修理，只要将机身后段拆卸开就行了。这种安排方式主要用于功率较小的歼击机。

单台发动机的布置

2. 两台发动机

两台发动机的布置可以有四种方式。

（1）常见的一种是把两台发动机各装在一只短舱内（比如波音777-300ER 客机和安 -72 运输机），这种方式的优点是机身空间大，装载的人员和设备多；对机翼能起减少载荷的作用。但其构造比较复杂，而且还会增大阻力和降低机翼的后掠作用。

波音 777-300ER 客机　　　　安 -72 运输机

（2）第二种安排方式是把发动机装在机翼下方的吊舱内或机翼上方的悬舱内。

1）发动机装在机翼下方的吊舱内（比如波音 787 客机）。这种方式的好处是减少短舱和机翼的干扰，对提高升力系数有利；防火性能较好；可采用全翼展的襟翼。另外，由于短舱离地近，维护比较方便，但易于吸入尘土。

2）发动机装在机翼上方的悬舱内（比如德国多尼尔 VFW-614 客机）。翼上发动机布局可以不受翼下离地高度的限制，也具有和翼下发动机同样的卸载作用，而由于发动机被置于机翼上方，起落架长度可以减至最短，不仅降低了起落架的重量，也方便乘客上下飞机。但是由于发动机支架降低了机翼升力，机舱内噪声大，发动机维修不便。因此，采用翼上发动机的飞机比较罕见。

波音 787 客机　　　　　　德国多尼尔 VFW-614 客机

　　（3）第三种安排方式是尾吊式，把两台发动机并列在后机身外部的两侧（比如中国商用飞机 ARJ21 支线客机）。其优点是座舱内噪声小，机翼上没有短舱干扰，气动性能较好；进气和排气通道较短，因而能量的损失较少。但这种布局的发动机维修困难，发动机失去对机翼的卸载作用，翼根需要加强，且发动机占去了平尾的地方，一般要求采用高平尾，这样垂尾的结构需要加强，垂尾的结构、复杂性和重量都增加。这种布局多用于运输机或轰炸机。

中国商用飞机 ARJ21 支线客机　　　　两台发动机左右并列

（4）第四种安排方式是把发动机左右并列或上下叠置，安装在后机身的内部。

左右并列的优点是在单发动机（有一台发动机发生故障）飞行时，由于两边推力不平衡而引起的使机头偏向一边的力矩比较小，但发动机所占机身的容积很大，不利于装载其他设备。

上下布置（比如英国"闪电"战斗机）同样也可以在一台发动机停车时轻松控制，且这种布置机身宽度会大幅度减小，有利于追求高速性能。但是机身狭窄导致进气道不易布局，进气效率受影响，需要付出一定的结构代价。此外，水平机动飞行时比较困难，且两台发动机工作时，高温和振动会相互干扰，降低发动机效率与寿命，也不利于发动机的养护作业。

英国"闪电"战斗机两台发动机上下叠置

3. 三台发动机

其安排方式有两种，多用于客机或运输机。

（1）两台发动机并列装在机身后段，另一台发动机装在垂直尾翼上（比如波音727客机）。这种安装方式的优点是，如果发动机发生故障，涡轮损坏，被强大的离心力甩开的碎片不致破坏飞机的主要受力构件，比较安全。同时，并列的两台发动机也可固定于气密座舱之外。

（2）把两台涡轮风扇发动机安装在机翼下的吊舱内，另一台发动机安装在垂直尾翼内（比如麦道MD-11客机）。其特点、安装情况与装有吊舱的垂直尾翼中安装一台的情况相似。

波音 727 客机发动机的布局

麦道 MD-11 客机发动机的布局

4．四台涡轮喷气式发动机

四台涡轮喷气式发动机的布置同样也有四种方式。

（1）将四台发动机都置于机翼下的吊舱内（比如空客 A380 飞机），这种方式多用于运输机，但也用于轰炸机或客机。

（2）将四台发动机两两并列置于机身后段外部的两侧，其特点与两台发动机尾吊式相近。

（3）将发动机安装在靠近机身的机翼内部，每边各两台（比如英国哈维兰彗星型客机）。这种方式构造复杂，但一台发动机停止运转时，可减小偏航力矩，而且还可消

空客 A380 飞机

四台发动机两两并列置于机身后段外部的两侧

英国哈维兰彗星型客机

除或削弱短舱和机身的干扰作用。

（4）将四台发动机两两一组安装在机翼的底部（比如协和式飞机），其特点是发动机短舱的剖面呈长方形，上下表面形成飞机结构的一部分。

协和式飞机

5. 六台涡轮喷气式发动机

六台涡轮喷气式发动机分散安置在机翼前沿下方（比如安 -225 运输机）。

安 -225 运输机

6. 八台涡轮喷气式发动机

八台涡轮喷气式发动机两两成四组，分散安置在机翼前沿下方（比如 B-52 轰炸机）。

B-52 轰炸机

7. 十台发动机

安装十台发动机的飞机很罕见，B-36 轰炸机是其中一种，它的十台发动机中有四台涡轮喷气式发动机，另外六台是活塞螺旋桨发动机。

三、冲压喷气式发动机

冲压喷气式发动机由进气门、燃油喷

B-36 轰炸机

嘴、火花塞、燃烧室和推进喷管构成，没有压气机和燃气涡轮，所以构造简单。它的推力大，特别适用于高速高空飞行。但是因为不能自行起动和低速时性能欠佳，限制了应用范围，仅用在导弹和空中发射的靶弹上。

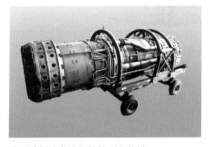 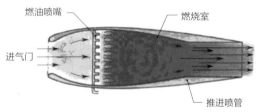

燃油喷嘴　燃烧室

进气门

推进喷管

冲压喷气式发动机的外形和构造

四、涡轮轴发动机

涡轮轴发动机用于直升机，其结构与涡轮螺旋桨发动机很相近，不过涡轮轴发动机一般装有自由涡轮。

涡轮轴发动机由进气道、压气机、燃烧室、尾喷管和自由涡轮组成，前面两级普通涡轮带动压气机、维持发动机工作；燃气在后面两级自由涡轮中做功，通过传动轴带动直升机的旋翼旋转。同时，从涡轮中流过的燃气经尾喷管喷出，可产生一定的推力（如折合为功率，大约仅占总功率的十分之一或更小）。涡轮轴发动机的喷口，可以向上、向下或向两侧，不像涡轮喷气式发动机那样非向后不可。

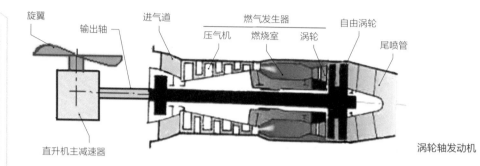

旋翼　　　　进气道　　　　　　　　燃气发生器　　　　自由涡轮
输出轴　　　　　　　压气机　燃烧室　涡轮　　　　　尾喷管

直升机主减速器

涡轮轴发动机

涡轮轴发动机与旋翼配合，构成了直升机的动力装置。涡轮轴发动机的功率，目前最高可达 4500~7500 千瓦。其不足之处是制造比较困难，成本也较高。

五、脉冲喷气式发动机

脉冲喷气式发动机构造简单，前部装有节气活门，后面是含有燃油喷嘴和火花塞的燃烧室，最后是长长的喷管和推进喷口。

节气活门的作用是阻止燃烧中的油气从发动机前端跑出。燃油系统的作用是供油。排气管的作用是利用燃烧油气产生推力。

脉冲喷气式发动机的优点是可在原地起动，构造简单，重量轻，造价便宜。缺点是只适于低速飞行（速度极限为 640~800 千米每小时），飞行高度也有限，单向活门的工作寿命短，加上振动剧烈、燃油消耗大等缺点，因此仅用于低速靶机和航空模型飞机上。

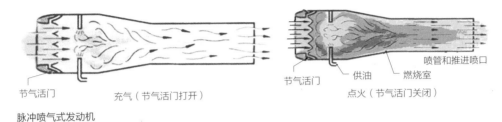

节气活门   充气（节气活门打开）   节气活门 供油 燃烧室   喷管和推进喷口

点火（节气活门关闭）

脉冲喷气式发动机

六、矢量发动机

    普通发动机的喷流都是与飞机的轴线重合的，产生的推力只用于克服飞机所受到的阻力，提供飞机加速的动力。而矢量发动机的喷口可以向不同方向偏转以产生不同方向的推力，因而可以利用发动机产生的推力，获得附加的控制力矩，实现飞机的姿态变化控制。由于这种控制力矩与发动机紧密相关，而不受飞机本身姿态的影响。所以它可以保证在飞机做低速、大攻角机动飞行而操纵舵面几近失效时，利用矢量推力提供的附加控制力矩来操纵飞机的机动飞行。

    矢量发动机是四代战机的标配，目前只有少数几个国家有这一类发动机。

矢量发动机

七、化学火箭发动机

化学火箭发动机分液体火箭发动机和固体火箭发动机两种。

液体火箭发动机用液体化学物质作为推进剂，常用的液体氧化剂是液态氧、四氧化二氮等，燃烧剂是液氢、偏二甲肼、煤油等，两者储存在不同的储箱中。

固体火箭发动机用固体化学物质作为推进剂，其推进剂是硝化纤维素、硝化甘油或液态高分子聚合物黏合剂和一些添加剂。

推进剂点燃后在燃烧室中燃烧，产生高温高压的燃气，即把化学能转化为热能。燃气经喷管膨胀加速，热能转化为动能，以极高的速度从喷管排出，从而产生推力。这种发动机燃料消耗太大，不适于长时间工作，一般用于飞机的起飞助推或航天飞机。

化学火箭发动机

化学火箭发动机用于飞机的起飞助推

飞机也需要"食物"

就像人的动力来自于食物一样，飞机的动力也来自于"食物"，那就是燃料。飞机在起飞和加力阶段，尤其消耗燃料。以波音747-400为例，最大装油量是172吨，油箱的容积为215立方米。它仅仅一次起飞就要消耗燃油5吨左右，可见飞机的燃油消耗量之巨大。据统计，目前歼击机的燃油量占起飞重量的20%~30%，大型客机的燃油量占起飞重量的40%~50%，而在重型轰炸机上，燃油量的重量占比竟达到40%~60%。

飞机燃油系统一般由油箱、加油/抽油系统、供油系统、增压系统、应急放油系统、通气系统及油量的测量指示系统等组成。它的功能是保证在规定的任何状态下，均能按发动机所要求的压力和流量，向发动机持续不间断地供油。

一、油箱的布置

燃油是消耗品，所以油箱一般最好布置在飞机重心附近，或者对称于重心，以免它的消耗对飞机重心位置产生大的影响。军用飞机的油箱，还要布置在不易中弹的地方；歼击机常常携带副油箱，悬挂在翼尖、机翼或者机身下方，飞行时首先使用这部分燃油，在作战时用完后即被扔掉，以减少阻力。

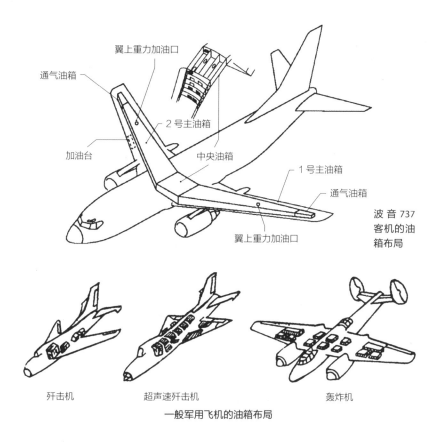

翼上重力加油口

通气油箱

2 号主油箱

加油台

中央油箱

1 号主油箱

通气油箱

波音 737
客机的油
箱布局

翼上重力加油口

歼击机

超声速歼击机

轰炸机

一般军用飞机的油箱布局

　　下页图所示为典型的歼击机燃油系统，主油箱与后油箱分别装在前、后机身中，此外，在左、右机翼下悬挂一对副油箱，其重心的前后位置与机体的重心极近。

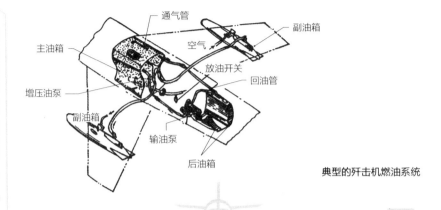

通气管　副油箱　空气　主油箱　放油开关　回油管　增压油泵　副油箱　输油泵　后油箱

典型的歼击机燃油系统

相 关 链 接

机翼中布置油箱有什么好处？

1）不占机身容积，有利于提高飞机的客货运输能力。

2）在燃料消耗的过程中，飞机重心位置移动量较小，利于飞机的飞行平衡与安全。

3）由于油料的重量与飞机升力方向相反，有助于减轻机翼结构的受力。

4）置于机翼的油箱距地面较远，在飞机强迫着陆等特殊情况下比较安全。

油箱底部为什么要有排水孔？

汽油和煤油中都含有一定的游离态水分，就像空气中有游离态水分一样，只是人们看不见它。燃油在一定温度下，最大溶水量是一定的。油温低到一定程度，就可能有一部分悬浮于油中或沉于油底。

游离态水是以细微水珠或水团形式存在于燃油中的，它能腐蚀机件，破坏运动机件的润滑。当游离态水结冰时，会堵塞输油管，影响发动机工作，造成严重后果。所以，燃料中不允许有游离态水存在，油箱需要有排水孔并经常放水。

二、油箱的种类

油箱有两种分类方法，一是按油箱的位置，二是按油箱的结构型式。

1. 按油箱的位置分

一般有机翼油箱、机身油箱和外挂副油箱等。

机翼油箱一般都是只作存储用途，实际在使用过程中一般都会将油抽到机身油箱或者主油箱中，然后再输送到发动机。必要时为了增大航程，歼击机一般都携带副油箱。

2. 按油箱的结构型式分

可分为软油箱、硬油箱、整体油箱、副油箱和保形油箱五种。大型油箱中一般都有防晃动装置，以免燃油晃动对飞机的重心产生很大的影响。

（1）软油箱　主要特点是能从不大的舱口放进飞机的油箱舱内，充分利用飞机内部各种形状的可用空间，增加贮油量，并且不受振动的影响，不易产生裂缝或损坏，普通软油箱重量较轻，而且中弹后弹孔较小，因此得到广泛应用。

（2）硬油箱　在机体内的高温区以及油箱舱不能承受内压的情况下，一般可以安装由防锈铝合金制成的金属硬油箱。

（3）整体油箱　利用机翼或者机身本体的一部分结构构成的油箱，它可以显著降低燃油系统的重量，充分地利用机体内部空间，在现代飞机上应用很广。

（4）副油箱　外挂在机翼或机身下，作战时可以扔掉。

（5）保形油箱　在保持或不大改变飞机整体流线型（保形）的前提下，紧贴机体添置贮存燃油的容器。

　　由于这五种油箱各有优缺点，所以可以根据情况单独或混合使用。

相关链接

保形油箱有什么优缺点？

优点是：

1）扩大燃油贮存总量，增加飞机航程。

2）阻力比外挂副油箱大幅下降。

3）有效地缩短了副油箱到飞机重心的距离，增大了左右油箱油量容许
　　变化范围，增强了飞机的稳定性。

4）能减少飞机整体雷达反射截面积。

5）可以让出副油箱所占用的武器装载空间或挂载位置，甚至可以提高
　　载弹能力。

缺点是：结构设计比较复杂。

三、供油方式和供油系统结构

（一）供油方式

　　燃油系统供油方式主要有两种：重力供油和动力（泵）供油。前者是最简单的燃油系统，多用于使用活塞螺旋桨发动机的轻型飞机，采用这种供油方式，油箱必须高于发动机，正常情况下燃油靠重力流

进发动机汽化器。现代喷气式发动机都采用动力供油，油箱内的燃油被增压泵压向发动机主油泵。

重力供油系统和动力供油系统的结构如下图所示。

为了减少驾驶员或随机机械员的疲劳，现代飞机的用油顺序都随燃油消耗过程而自动控制，而非简单地依次用尽。

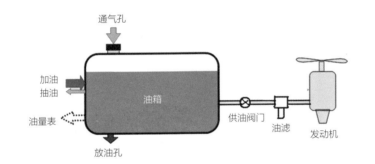

重力供油系统

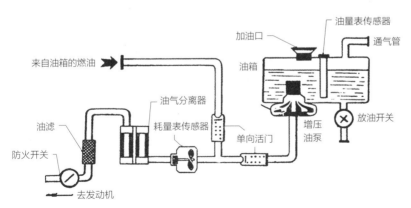

动力供油系统

（二）供油系统的结构

供油系统一般由油箱、供油阀门、油滤、油量传感器、油量表、油气分离器等组成。

在歼击机上，为了保证它在做机动飞行时仍能正常供油，还需要燃油倒飞装置。其作用是保证飞机从正飞转至倒飞的一瞬间，能正常供油且不会吸入大量空气。

燃油倒飞装置中保证正常供油的机构是倒飞活门，保证不会吸入大量空气的机构是折弯形通气管。

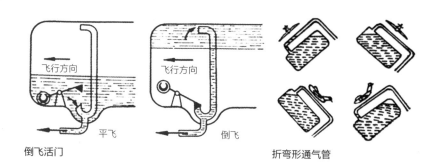

倒飞活门　　　　　　　　　　　　　折弯形通气管

飞机的燃料是什么油？

飞机的燃料只有航空汽油和航空煤油两大类。因柴油的黏度太大，燃点太高，不适合在发动机内燃烧，所以不用。

因为活塞螺旋桨发动机要求燃料含异辛烷值高，抗爆性好，所以主要用航空汽油。

而喷气式发动机和冲压喷气式发动机一般用 3 号航空煤油。因为它具有密度适宜、热值高、低温流动性好、燃烧性能好、适合在低温地区和高空中使用等优点。而汽油易挥发，在高空中会引起油路"气塞"，太容易燃烧，不安全，会降低发动机的润滑性，并且其价格也高，不经济，所以不用。

起飞不久的飞机因故要着陆，为什么要紧急放油？

飞机刚起飞不久，装载的燃油量远远超过安全着陆的最大重量，如果贸然着陆，容易因摩擦、碰撞产生高温而导致火灾，因此需要在空中紧急放油（无法实施时可盘旋耗油）。放油口一般处于机翼翼尖处，离重心较远的油要优先放出。

认识飞机

机长都做些什么?

机长是民航客机上最高的权力者，是正驾驶员，他的职责是保证每一名乘客的生命和财产安全，而飞机的可操纵性是事关安全的重大问题。在莱特兄弟飞行之前，不是没有人造出过飞机，而是因为他们设计的舵面不完善，没有掌握好飞行中的平衡操纵，所以屡屡遭遇空难。莱特兄弟的成功，正是在前人经验的基础上克服了这个问题。

飞机操纵系统用来传递机长或自动驾驶仪的操纵命令，从而驱动相应的机构和控制舵面。

控制飞机飞行姿态的系统通常分为人工飞行操纵系统和自动飞行控制系统，根据舵面类型不同又可分为主操纵系统（操纵飞机俯仰、翻滚和偏航）和辅助操纵系统（包括调整片、襟翼、减速板、可调安定面和机翼变后掠角操纵机构等）。

一、保持飞机平衡

飞机在稳定飞行中，不但要保证飞机的重力和升力平衡、推力和阻力平衡，而且要保证飞机相对于重心的航向力矩、俯仰力矩和滚转力矩平衡，所以要不断地进行姿态操纵（航向操纵、俯仰操纵和滚转操纵）。这不仅是因为外力的作用点不可能刚刚好作用于重心上，

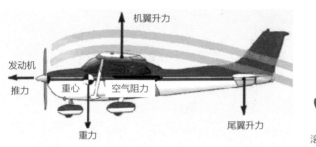

机翼升力

发动机
推力

重心　空气阻力

重力

尾翼升力

飞机上作用力的平衡

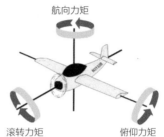

航向力矩

滚转力矩　　　俯仰力矩

飞机上作用力矩的平衡

也由于飞机的重心本身同样是处在不断变化（燃油消耗、载荷变化）之中，何况还有空气流速和密度的变化和外界的干扰等原因。有的现代化歼击机，采用矢量发动机后，使飞机的操纵问题变得更加复杂和困难。

　　飞机的姿态操纵就是要使飞机保持平衡，或者是从一种平衡进入另一种平衡。除了飞机姿态操纵之外，还有起飞降落操纵、发动机操纵和起落架操纵等。为了完成这些操纵，需要有一整套完善的操纵系统。

　　飞机操纵系统有机械操纵系统、电传操纵系统和复合操纵系统。在设计时，除了考虑系统的强度、刚度和精度外，还要考虑符合人的直觉要求。

二、机械操纵系统

最初的飞机操纵系统，由简单的钢索、滑轮、连杆和曲柄等机械部件组成，这就是所谓的机械操纵系统。驾驶员通过机械操纵系统，来控制飞机的操纵舵面，实现对飞机姿态和飞行轨迹的控制。

机械操纵系统由两部分组成：位于驾驶舱内的中央操纵机构和构成中央操纵机构和操纵舵面之间联系的机械传动装置。

机械传动装置有软式和硬式两种基本型式。软式机械传动装置由钢索和滑轮组成，特点是重量轻，容易绕过障碍，但是弹性变形和摩擦力较大。硬式机械传动装置由传动拉（推）杆和摇臂组成，优点是刚度大，操纵灵活。软式机械传动装置和硬式机械传动装置可以混合使用，在中、高速飞机上还要使用液压助力器。

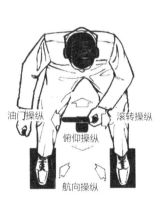

油门操纵　　滚转操纵
俯仰操纵
航向操纵

中央操纵机构

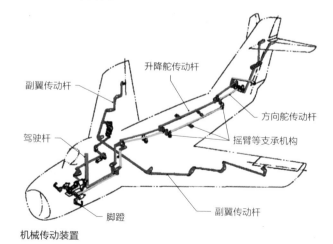

副翼传动杆　　升降舵传动杆
方向舵传动杆
驾驶杆　　摇臂等支承机构
脚蹬　　副翼传动杆

机械传动装置

（一）俯仰操纵

飞机相对于水平面的旋转称为俯仰旋转，相应的操纵称为俯仰操纵。飞机的俯仰力矩主要由机翼、尾翼的升力和发动机推力以及增升装置的开闭产生的阻力等产生。

飞机的俯仰是由升降舵（位于尾翼水平安定面的后缘）来操纵的。当驾驶杆前推时，升降舵下偏，使水平尾翼升力增大，产生低头力矩，机头下降，飞机俯冲。反之，当驾驶杆后拉时，升降舵向上偏，使水平尾翼升力减小，产生抬头力矩，飞机上仰。

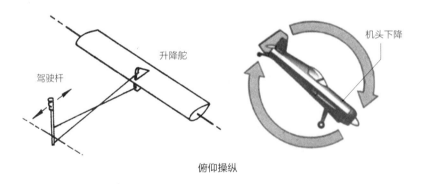

俯仰操纵

（二）航向操纵

飞机绕垂直于机身轴线面的旋转称为航向旋转，相应的操纵称为航向操纵。航向力矩主要是由垂直尾翼的方向舵产生的侧向力和发动机推力的变化产生的。

方向舵由方向舵脚蹬操纵。当方向舵左右脚蹬平齐时，方向舵处于中立位置（左图）。当驾驶员向前蹬左脚蹬（右脚蹬相应向后运动）时，方向舵向左偏，作用于垂直位置上的空气动力使飞机机头向左偏转（右图）；反之，当向前蹬右脚蹬（左脚蹬相应向后运动）时，方向舵向右偏转，从而使机头向右偏转。如果同时蹬左右两个脚蹬，则为制动。

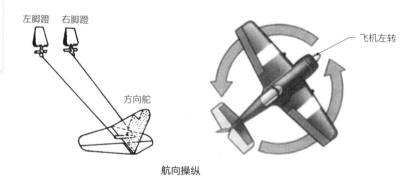

左脚蹬　右脚蹬

方向舵

飞机左转

航向操纵

（三）滚转操纵

飞机绕机身轴线的旋转称为滚转，相应的操纵称为滚转操纵。滚转力矩主要由两侧机翼气流不同或副翼偏转产生。

飞机的滚转操纵是由副翼来完成的，副翼位于机翼后缘靠近翼尖区域。

副翼对飞机滚转运动的操纵，由驾驶盘（杆）操控。当向左转驾驶盘时，左侧副翼向上偏转，同时右侧副翼向下偏转，导致左侧机翼

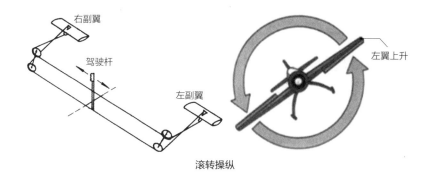

右副翼

驾驶杆

左副翼

左翼上升

滚转操纵

的升力减小，而右侧机翼的升力增大，产生使飞机向左滚转的力矩，飞机绕纵轴向左侧滚转。反之，飞机绕纵轴向右滚转。

三、电传操纵系统和复合操纵系统

上面所述的飞机操纵系统均为人工操纵系统。随着自动控制和微电子技术的发展，出现了用电子综合传感器信号和驾驶员的操纵指令，对飞机进行有效控制的系统，即电传操纵系统，它的出现为取消机械操纵系统制造了条件。

如果在电传操纵系统之外，还保留机械操纵系统作为备用，则该系统称为复合操纵系统。由于它对关键部件和线路采用多重布置，故其可靠性高于机械操纵系统。由于电传操纵系统体积小、重量轻、通过性好，易于与其他系统交联，生存力强，维护性好，可提高飞机操纵品质和性能。

在超声速飞机上，有时还会出现令驾驶员无法正确驾驶飞机和来不及做出反应等操纵问题。电传操纵系统的出现，为解决这些问题创造了条件。

四、仪表着陆系统

除了前面介绍的飞机操纵系统，在天气恶劣、能见度低的情况下，飞机降落必须使用仪表着陆系统（盲降系统）。它包括三个子系统：提供横向引导的航向信标、提供垂直引导的下滑信标和提供距离引导的指点信标。每一个子系统又由地面发射设备和机载设备组成。地面发射设备与机载设备建立联系后，飞机可由自动驾驶仪完成对准跑道及后续着陆等行为（即盲降）。

当飞机离跑道几十千米时，仪表着陆系统的三个子系统分别向其发射无线电波束。这三种波束信号在空中合成，勾勒出一条飞机降落的精确路线，显示在飞机接收器的仪表盘上。飞机沿着这条路线前行，

飞机夜晚降落时的情景

自动驾驶仪里的水平状态显示器

不断校准高度、方位与速度等，最后平稳降落在跑道上。

　　当然，目前使用的仪表着陆系统也并非是在完全看不见的条件下实施"盲降"，而是有外部天气标准的。按国际民航业的标准，盲降共分三类，只有三类 C 才是真正意义上的盲降，见下表。

盲降的分类标准

（单位：米）

类别	能见度	云比高	决断高	类别		能见度	云比高	决断高
一类	800	60	60	三类	A	200	15	15
二类	400	30	30		B	50	0	—
					C	0	0	—

　　盲降设备价格昂贵，不仅本身精确度高，而且对周边无线电净空标准、日常养护的要求都很严格，要求定期进行检测。如二类盲降，就要求每 4 个月进行一次飞行校验，由专门的飞机对盲降设备的精确度进行校验。

　　出于安全方面的考虑，目前我国只有上海浦东机场、北京首都机场、广州白云机场、西安咸阳机场等少数几个机场使用二类盲降系统。因此，由于天气原因造成的航班延误、备降甚至取消的情况短时间内还难以全面消除。相信随着科技的发展，真正的全盲降时代一定会到来。

认识飞机

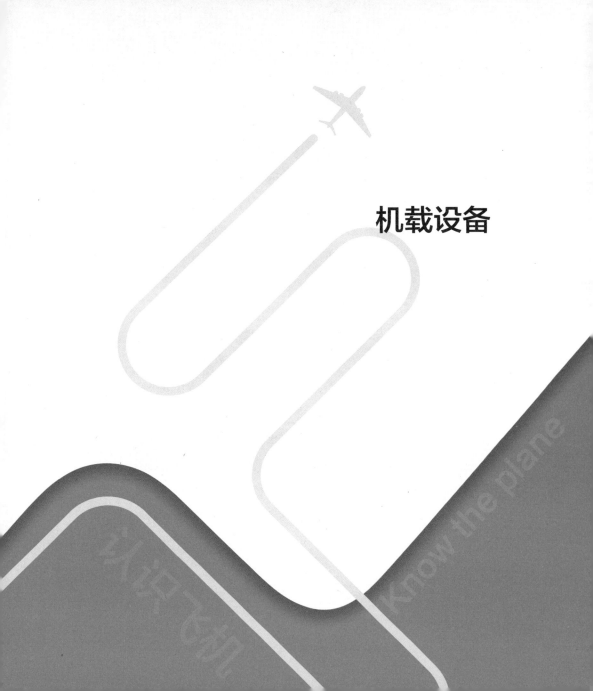

机载设备

飞机在大气层中翱翔，飞得如此之高，速度如此之快，距离如此之远，还要对付恶劣多变的天气，完成既定的任务，这一切都离不开机载设备。飞机在天上飞行，需要随时知道自己的方位、方向、速度和高度等信息，即所谓的"眼观四路，耳听八方"，否则就如堕烟海。飞机的机载设备就是为了解决这些问题，用来对飞机飞行中的各种信息、指令和操纵进行测量、处理、传递、显示和控制，从而完成预定的任务。

　　飞机的用途不同，其机载设备的品种和性能参数也就不尽相同。例如，军用飞机机载设备还要在民用飞机的基础上，有选择性地增加火力控制、电子对抗、侦察、预警、反潜等设备，歼击机等作战飞机还要有救生弹射设备。

　　飞机的机载设备包括导航仪表、发动机仪表、导航系统、自动控制系统、供电系统和显示设备等六大类。不过，现代的机载设备已经进入电子时代，老式的飞行仪表多被显示器代替。这样可以使飞行员的精力从操纵飞机转为监控飞机及其运行环境状态上来。而老式的飞行仪表仅在必要时用作参考。

一、导航仪表

早期飞机的巡航高度低、速度小、航程短，所以飞行员要知道飞机处在什么位置，如何飞向目的地，一般借助他对周围地形的了解、地图和指南针，就能够完成小范围的飞行。最原始的方法是在地上设置地标。现在美国还保留很多箭头式的地标，每个 21 米长。

后来则更多地用导航仪表（陀螺仪、高度表、速度表以及航向和飞行姿态仪表），而在现代化的飞机上主要使用电子显示屏导航系统（详见第三节）。

（一）高度表

高度表按作用原理分有气压式和无线电式等；按指示方式分有数字式和指针式。当飞机在低空飞行时，尤其是将要着陆时，高度表是非常重要的。

最原始的导航地标

数字式高度表

指针式高度表

（二）速度表

飞机上的速度表有三种：指示空速表、真空速表和马赫数表。

1. 指示空速表

指示飞机空气动力的大小，即空速表上显示的速度。

2. 真空速表

指示飞机相对于空气运动的真实速度。

3. 马赫数表

指示空速与当地声速的比值。

指示空速表　　　　　　真空速表　　　　　　马赫数表

马赫数

马赫数是飞机、火箭等在空气中移动的速度与声速的比值（声速随温度而变化），用 Ma 来表示。1 马赫相当于 1 倍音速，在海平面上为 340 米每秒（1228 千米每小时），在 11000 米的高空，是 1066 千米每小时。一般来说：Ma < 0.3 为低速（空气不可压缩），0.3 ≤ Ma < 0.8 为亚声速，0.8 ≤ Ma < 1.2 为跨声速，1.2 ≤ Ma < 5.0 为超声速，Ma ≥ 5.0 为高超声速。这一概念最早由奥地利著名的物理学家马赫提出，后人为了纪念他而采用他的名字来命名。

（三）升降速度表

用于指示飞机的升降速度，还可以借助地平仪反映飞机是否平飞，若与时钟配合使用，还可以计算出飞机在一段时间内上升（或下降）的高度。

（四）航向仪表

包括航向仪、飞行姿态仪和自动驾驶仪。

升降速度表

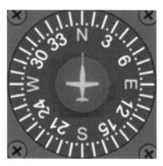
航向仪

飞行姿态仪

（五）其他主要仪表

包括航空地平仪和转弯侧滑仪。

（六）辅助仪表

包括航空时钟、飞行记录器和飞行参数记录系统等。

航空地平仪

转弯侧滑仪

二、发动机仪表

发动机仪表位于中央仪表板上，其作用是测量并指示发动机（燃油压力、滑油压力、喷气温度、滑油温度、发动机转速和油量等）的工作状态，并予以控制。

1. 温度表

用于测量喷气温度、滑油温度、燃油温度、进气温度，此外还有座舱温度、大气温度。

2. 转速表

用于测量喷气式发动机的涡轮轴转速或活塞螺旋桨发动机的曲轴转速。

3. 压力表

用于测量发动机燃油系统的燃油压力和滑油系统的滑油压力。

4. 油量表

用于测量和指示飞机油箱内燃油的容积。

5. 发动机推力表

用于指示发动机功率（与转速表配合）。

三、导航系统

导航系统的主要用途是引导飞机沿着预定航线飞到预定地点，并能随时给出飞机准确的即时位置。在军事上，导航系统还要配合其他系统完成武器投放、侦察、巡逻、反潜、预警和救援等任务。

相 关 链 接

飞机如何避免在空中相撞?

避免在空中相撞主要有三条措施:

1)《中华人民共和国飞行基本规则》中规定了飞机高度层: 以正南正北方向为零度界限, 真航线角在 0 度至 179 度范围内, 高度由 900 米至 8100 米, 每隔 600 米为一个高度层; 高度由 8900 米至 12500 米, 每隔 600 米为一个高度层; 高度在 12500 米以上, 每隔 1200 米为一个高度层; 真航线角在 180 度至 359 度范围内, 高度由 600 米至 8400 米, 每隔 600 米为一个高度层; 高度由 9200 米至 12200 米, 每隔 600 米为一个高度层; 高度在 13100 米以上, 每隔 1200 米为一个高度层。

2)安装电子防撞警告系统。该系统会不断向四周发出一种与雷达脉冲信号类似的询问信号(有效发射距离为 40 千米)。凡是带有应答机的飞机进入这个空域后, 座舱内的警告信号灯都会闪亮, 并发出警告声音, 提醒飞行员已处于危险环境。同时, 屏幕上还会显示出另一架飞机的方位、距离和高度, 而且会直接指示飞行员用下降、爬升或保持原来航线等方法来避免与另一架飞机相撞。

3)有空中交通指挥机构, 搜索进入该空域的飞机, 并通过无线电与飞行员对话, 飞行员必须接受它的指挥。

四、自动控制系统

自动控制系统的作用是保证飞机的稳定性和操纵性，提高飞机飞行性能和完成任务的能力，增强飞行的安全性和减轻驾驶员的工作负担。

除了自动驾驶仪之外，自动控制系统还包括自动油门系统、自动导航系统、自动进场系统、自动着陆系统和自动地形跟随/回避系统等。

五、供电系统

飞机供电系统包括飞机电源（以及传送和控制系统）、变压整流器、航空蓄电池等。

飞机上的发电设备为航空同步电动机，通常由发动机带动，将它的机械能转换为电能。飞机电源一般由主电源、二次电源、应急电源和辅助电源组成。

用电设备包括照明灯、发动机起动和点火系统、电加热设备、电动机构、电动仪表和无线电设备等。

六、座舱仪表显示屏

机载设备的现代化可以将上述各种设备进行综合显示。飞机上控制这些设备的开关很多，如第一代波音 747 客机上就有 971 个，现代已经减少到 365 个。

下图是某客机的驾驶舱仪表显示屏。

头顶面板：分为前顶板和后顶板
包含飞行控制系统开关组件、导航信号源和显示开关组件、通风系统开关组件、电力系统开关组件、雨刷开关、灯光亮度、风挡和机翼除冰开关组件、夜间照明灯开关、APU 启动开关、发动机启动开关等

电子飞行仪表系统控制面板和温度控制系统控制面板，两侧为主告警和注意灯

无线电磁指示器

主飞行显示屏：
显示主要飞行姿态、航向航路信息、天气信息、油电气路信息等。所有屏幕可以切换，互为备份。中间为备用地平仪和起落架选择器手柄等

折叠式小桌板

系统综合显示器：显示直接与飞行相关的其他重要信息，例如地面指令、机舱环境信息等

中央操纵台（后）：
包含制动手柄、驾驶舱门锁、冲压空气涡轮开关等开关

中央操纵台（前）：
包含发动机油门、襟翼、通信频率信息等

某客机的驾驶舱仪表显示屏

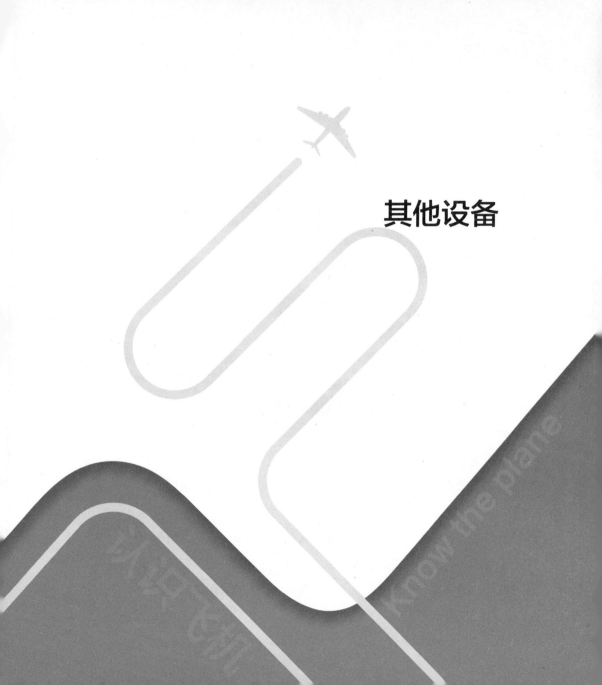

其他设备

飞机在飞行中，为了完成预定的任务，除了上面介绍的机载设备外，还需要其他一些设备的帮助。这些设备包括生命保障、防护和救生、事故追踪以及武器系统等。当然不同类别和用途的飞机，相应的设备也不尽相同。最简单的座椅、灭火器、厨房、卫生设备等不做叙述。

一、供氧系统

无论是民航客机还是军用飞机上都有用于生命保障的供氧系统。

客机在正常飞行时，飞机通过发动机将空气进行增压后供入机舱，即使飞机飞行在万米高空，机舱内的大气环境也和在海拔 1500 米左右相似。但如果发生事故（如窗口破裂、舱内大气环境发生改变等），这时，客机每位乘客的头顶就会自动落下一个备用的氧气面罩，可供乘客使用几分钟。

客机供氧系统根据飞机的乘员人数、航程、升限和任务性质的不同而有多种形式，但基本上都由供氧源、控制阀、减压阀、调节器、各种指示仪表、断接器和氧气面罩等组成。

在高性能歼击机上，机载分子筛制氧系统已经成为标配。因为它具有全包线的高空供氧及高过载防护的能力，具有最低的后勤保障、基本上不用日常维护的优点，分子筛本身是一种无二次污染且可再生的材料，同时，具有良好的防化、防细菌和防核作用，更适合未来机种的需要。

相关链接

机舱的舷窗上为什么有个小孔？

大概细心的乘客都注意到过，客机舷窗上有小孔，它的作用是调节机舱内气压，对飞机来说不可或缺。

飞机的玻璃总共有 4（1+2+1）层，中间两层如同中空玻璃一样，起保温作用；而内外还各有一层，起加固作用，防止受到外力时被击破。

一般民航客机飞行于万米高空，空气压力大约只有海平面的 30% 左右，舱内外压力差很大。由于中间的玻璃需要和外界大气隔离，如果不进行气压调节，那么内外大气压差就会导致玻璃承受高压，发生严重形变而最终出现危险。

为此玻璃中间下边连接着一个缓冲气缸，其中有一个活塞连接到玻璃窗的小孔，这样当飞机外压强减少时活塞后拉，从而玻璃内压强也变小，保持内外有一定的压差。

二、防护和救生系统

民航客机用的救生衣、救生滑梯，歼击机用的飞行服、抗荷服、头盔、弹射救生设备都属于这一类。

（一）救生衣

民航客机内部配备的救生衣，是为了应对飞行过程当中，飞机出现紧急情况迫降水面时候的急救设备。它有红色和黄色两种，前者供机组人员使用，后者供旅客使用，以便救援人员及时发现。

充气式救生衣主要由密封充气式背心气囊、微型高压气瓶和快速充气阀等组成。一旦人落入水中，便会自动膨胀充气（全自动充气救生衣），或由人拉充气阀上的拉索充气（手动充气救生衣）。在救生衣上边两侧，还有人工充气管；在救生衣的顶部一侧还有定位灯，海水浸湿电池后，定位灯几秒钟内自动发光，并可持续使用8~10小时，在夜间很容易被发现。

（二）救生滑梯

民航客机的救生滑梯由滑梯、充气瓶、连杆和操作手柄等组成，平时折叠镶嵌安装在客舱门、应急门内部。在"待命状态"下，只需拉动开门手柄，滑梯就会释放，并自动冲出舱外，在几秒钟内完成充气（一般为不燃的二氧化碳）过程，梯身与地面成40°角，供乘客疏散用。

客机的救生滑梯

三、歼击机飞行员服装

以前飞机的速度、飞行高度和机动性都不是很高，所以对飞行员服装的要求就低，而现代歼击机飞行员一般都要穿抗荷服，因为歼击机在做大机动飞行时产生的过载，会导致人体血液聚集在下肢和足部，不能正常回流到上肢和大脑，产生黑视和呼吸障碍等问题，给飞行员身体造成极大的伤害。

穿抗荷服的飞行员

充液式抗荷服是覆盖全身的抗荷服，夹层中注有液体，在高过载情况下液体膨胀，压迫抗荷服的内层，由此形成附加压力作用于飞行员的下体，阻止血液向脚流动，保持大脑供血充足，有效地提高了飞行员的抗荷耐力。

相关链接

战机飞行员穿的飞行服，为什么对纽扣说"不"？

以前的飞行服上是有纽扣的，但是在 20 世纪 50 年代的一次军事演习中，某国一名经验丰富的飞行员驾驶着先进歼击机参演，结果飞机刚升空不久就坠毁爆炸。经过缜密的调查分析，结果让人大吃一惊：他的飞行服上脱落的一颗纽扣，掉入机内导致设备故障，使得飞机失控坠毁。此后，各国的空军都吸取教训，改用拉链和尼龙搭扣代替纽扣。

四、降落伞

军用飞机上的飞行员都有降落伞。因为使用降落伞的难度特高，只有经过训练的人才能避免降落出意外，所以民航飞机上没有。

以前飞机的速度不高，飞行员具备熟练的技巧和经验，花费一定的时间和较大的体力就能离机。随着飞机速度的提高，德国首先为歼击机飞行员配备了降落伞。那时降落伞包在伞包里，伞包放在座椅上，伞跟飞行员的背带系统相连，开伞的绳索拉开装置安装在飞机上。人一跳离飞机，伞包就打开，利用飞行员下降坠落的速度，即可把伞翼拉出展开，使飞行员平稳着陆。

五、弹射座椅

现代飞机飞行速度很快，当速度超过每小时500千米时，飞行员要想爬出座舱跳伞几乎不可能。何况在高速跳伞时，飞行员可能会与机体后方的机翼、垂尾等相撞。

弹射座椅首先在德国诞生，它一般是利用火箭弹射动力，把飞行员和座椅一起弹离飞机。它打开的步骤是：拉手柄→抛舱盖→开火箭→人椅分离→降落伞开启。对于战斗机飞行员来说它不可或缺，被誉为飞行员最后的"守护神"。

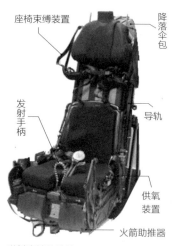

座椅束缚装置
降落伞包
发射手柄
导轨
供氧装置
火箭助推器

弹射座椅的结构

俄罗斯的 K-36D 弹射座椅，危难时刻力挽狂澜

1. 1989 年 6 月 9 日至 18 日举行的第 38 届巴黎航展上，米格 -29 战斗机在飞行表演时，因为在 160 米低空吸入飞鸟，导致右侧发动机停车，飞机急速下坠。飞行员克沃丘尔却能在距离地面不足 30 米时，弹射成功跳伞逃生。

2. 1993 年 7 月 24 日，两架米格 -29 战斗机在费尔福德国际航空节表演时，僚机和长机猛烈碰撞。虽然两架战斗机都在亚声速低空飞行状态，但两名飞行员在离地面不到 50 米的空中成功弹射跳伞。

世界上有名的弹射座椅要属俄罗斯的米格 -29 战斗机标配的 K-36D。

现代歼击机飞行员

六、飞行员头盔

现代歼击机飞行员都要戴头盔。

飞行员头盔的功能有五个：

1）有效地减少发动机噪声的干扰，以免出现耳鸣或者其他身体上的问题。

2）用作氧气面罩，一旦在高空缺氧，头盔就会直接提醒飞行员。

3）将歼击机的一些信息直接投射到头盔的镜面，帮助飞行员实时掌握歼击机的所有情况。

4）保护颈椎。

5）当墨镜用。

七、防冰装置

飞机飞行时，由于气象和气流速度的作用，在一些外露部位常出现结冰现象，其中以机翼、尾翼、风挡、空速管、**螺旋桨**、直升机旋翼、雷达罩、发动机进气道等前缘处最为常见。**严重结冰会危及飞机的飞行安全，因此在那些部位都装有防冰装置。**

飞机上常用的防冰装置主要有热力（气热、**电热**）、化学液体和机械三种方式。气热防冰多用于防冰面积较大的部位；**电热防冰多用于表面积不大、耗电功率较小的防冰部位；化学液体防冰多用于风挡、雷达罩、尾翼前缘外表面等部位；机械防冰常用于低速飞机机翼、尾翼前缘处。**

相关链接

防冰有望用上新科技

不久前，空中客车公司的联合团队研究发展了一种用于飞机防冰的激光加工处理工艺。只需要非常少的热量，就可以让机翼等部位表面集结的冰自己掉落。这是激光表面图形化处理技术，采用超短脉冲激光在飞机机翼的轮廓表面制备出多层级的 3D 微结构。这种表面微结构排斥水的状态，就像荷叶上的水珠一样。所以，与传统的驱冰技术相比，优势明显。

八、飞行记录器

戴维·沃伦和世界上第一个黑匣子

飞行记录器俗称黑匣子，类似于汽车上的行车记录仪，可保存飞机驾驶舱内 2 小时的语音，可记录 20 多个小时的飞行数据。它可以在飞机坠毁以后的 30 天内发射出信号，一般辐射距离为 200~300 千米。

澳大利亚墨尔本航空研究实验室的科学家戴维·沃伦，基于他父亲在一次空难中丧生，经过潜心研究，于 1956 年研制出了世界上第一个黑匣子。

由于黑匣子是了解飞机飞行事故最重要、最直接的证据，所以通常安装在飞机尾部最安全的部位。其外壳由很厚的钢板和许多层绝热、防冲击并抗压的保护材料制成，可经受 1100℃的高温 1 小时，能承受 2 吨的重物挤压 5 分钟，能在汽油、机油、油精、电池酸液、海水中浸泡几个月。所使用的记录介质，最初为磁带，现在多为能承受更大冲击的静态存储记录仪（类似于计算机芯片）。

九、武器系统

不同的军用飞机，其武器系统也会不同。

（一）歼击机

现代歼击机普遍装有口径 20 毫米以上的航空机关炮，同时携带多枚导弹、炸弹或其他对地攻击武器。它们用计算机控制的火力控制系统（由脉冲多普勒雷达、惯性导航系统、大气数据计算机等组成），可与通信导航识别综合系统和电子对抗系统交联。飞行员通过显示器获得敌我机参数信息，控制和管理导弹、机炮、火箭和炸弹的瞄准、发射和投放。

例如美国 F-22 所携带的武器，就有 1 门 20mm M61A2 火神式六管旋转机炮，配有 480 发炮弹。对空 6 枚中程空 - 空导弹；2 枚响尾蛇导弹；对地 8 枚小直径炸弹。

（二）轰炸机

顾名思义，轰炸机的主要作战任务是轰炸敌方军事目标和阵地，因此载弹量是考核其性能的重要参数之一。轰炸机的武器系统主要包括巡航导弹、激光制导炸弹和卫星制导导弹等。

（三）侦察机

因为侦察机的飞行高度很高，地面的导弹部队打不到，所以一般不携带武器。主要依靠高速性能和加装电子对抗装备来提高其生存能力。侦察机通常装有航空照相机、前视或侧视雷达和电视、红外线侦察设备，有的还装有实时情报处理设备和传递装置以及目前最先进的合成孔径雷达。侦察设备装在机舱内或外挂的吊舱内，可进行目视侦察、成像侦察和电子侦察。成像侦察是侦察机实施侦察的重要方法，它包括可见光照相、红外照相与成像、雷达成像、微波成像、电视成像等。

飞机大家族

飞机有一个大家族，分类方法五花八门，而且它们之间，有的角色还可以相互转化，比如苏联将图-95轰炸机改装成图-114客机，就是这一领域的顶尖之作。客机改成运输机也是很平常的事，2020年，新冠肺炎疫情席卷全球，许多国家就把闲置客机用于货物运输。加拿大航空公司甚至改装波音777，拆除舱内422个座椅，将其改装成运输机。所以，这里的分类也是相对而言的。

　　一般说来，飞机按动力装置种类可分为螺旋桨飞机和喷气式飞机；按起落方式可分为滑跑式飞机和垂直起落式飞机；按起落场地可分为陆上飞机、水上飞机、两栖飞机和舰载飞机；按雷达能否搜索可分为普通飞机和隐形飞机；按有无飞行员可分为有人飞机和无人机；按大小可分为轻型飞机、中型飞机和重型飞机。接下来的内容按用途将飞机分为客机、运输机、歼击机、轰炸机、侦察机、舰载机、反潜机、直升机和水上飞机来进行介绍，最后再谈谈其他机型。

客机——空中高铁

　　现在全世界大约有900多家航空公司，每天起降的飞机架次达10万以上。

一、世界上最原始的客机长什么样？

第一次世界大战后，许多国家把剩余的军用飞机改装为民用飞机，从此客机诞生了。不过，在最初的几年，载客量很少，飞行速度也不高，航程只有几千米。

第一架用于空中载客服务的客机，是德国用鸽式侦察机改装的，每次可以载两名乘客。当时所有的客机都没有导航设备，全靠驾驶员的经验和技术。

接着，法国航空公司也改装了多架"歌利亚"双翼轰炸机，它可载 12~16 名乘客，并且形成了规模。所以，也有人说世界上第一架客机是"歌利亚"。

顺便说一下，当时美国的波音 80 也相当有名，它是美国首架专为提供定期民航服务而设计的客机，有 3 台发动机，3 排 4 列座椅，可乘坐 12 人。由于当时的速度还不高，大开口的舱门说明还没有考虑到应力集中的问题，估计噪声也不会令乘客感到舒服。

法国的"歌利亚"双翼轰炸机　　　　　波音 80 客机和大开口的舱门

二、世界上第一架涡轮螺旋桨客机是什么型号？

世界上第一架涡轮螺旋桨客机，是英国维克斯公司制造的"子爵"号，它采用四台达特涡桨发动机，属中短程支线飞机。从 1948 年 7 月首飞到 1964 年 3 月停产时，各型"子爵"号客机的总生产量达到 400 架。载客量从 43 人到 75 人，速度可达 576 千米每小时，航程可达 2775 千米。

"子爵"号客机

相关链接

天鹅成"炮弹"，"子爵"号机毁人亡

1962 年 11 月，美国马里兰州上空，一只翱翔的天鹅与一架"子爵"号飞机相撞，结果飞机坠落，所有乘员全部遇难。浑身是肉的天鹅，却能变成"炮弹"，击毁了坚硬的飞机！

三、世界上最大的螺旋桨客机是什么型号？

世界上最大的螺旋桨客机是图 -114，它由图 -95 轰炸机简单改进而成，采用后掠下单翼（这是世界上唯一一架有后掠翼的涡轮螺旋桨客机），机翼上装4台涡桨发动机，每台发动机驱动两个大直径反转四叶螺旋桨。它是波音747诞生之前最大的客机，也是当时世界上速度最快（880千米每小时）和航程最大（10900千米）的客机，共创造了32项世界纪录。该客机的客舱可以搭载224名乘客或

图-114上的豪华餐厅

相关链接

世界上最大的客机制造商波音公司的那些往事

莱特兄弟发明飞机的13年后，波音公司就成立了，它是一家历史悠久、机构庞大、技术力量雄厚、业绩辉煌的航空航天制造公司，它的产品繁多，在人类历史上留下了浓墨重彩的一笔。这里仅简单说说关于波音公司命名和发展的几件小事。

波音公司的总部设在美国芝加哥，"波音"这个名字是根据它的创始人威廉·爱德华·波音的名字命名的。

威廉·爱德华·波音1881年出生于密歇根州底特律，父亲是一位德国移民。波音毕业于耶鲁大学工学院，1915年，作为业余爱好者报名参加了马丁公司的飞行员培训班。就是这次偶然的经历，让他走上了制造飞机之路，创办了波音公司。

波音公司先后生产过波音40、波音80、波音211、波音247、波音307、波音314、波音377客机等众多型号的螺旋桨客机。

1929年，波音航空、波音空运和斯蒂尔曼飞机公司合并，更名为联合飞机及空运公司。1934年，波音公司解体，分为联合飞机公司、波音飞机公司和联合航空公司。1961年，波音飞机公司更名为波音公司。

者容纳 170 个卧铺席位，装修豪华，内设餐厅。飞机的高度为 15.5 米，长度为 54.1 米，翼展为 51.1 米，最大起飞重量 179 吨。由于没有更换发动机，其噪声也是有史以来最大的。

四、典型的第一代喷气式客机是什么型号？

20 世纪 50 年代，英国德·哈维兰公司的彗星客机、法国 SE210 快帆客机、美国波音 707 和苏联图 -104 客机一起被列为第一代喷气式客机。

彗星客机是第一代喷气式客机的代表，它装有 4 台喷气式发动机，后掠式机翼，速度可达 788 千米每小时，是当时任何螺旋桨客机无法相比的。机身用铝制蒙皮制造，采用密封式机

彗星客机

相关链接

民航客机的"代"是如何划分的？

民航客机基本上可以划分为五代，一般的依据是载客数量、航程和经济性，基本上与速度无关。除了第一代以外，其他四代现在都仍在各显其能，并在适合的航线上运营。

舱，在万米的高空飞行时，平稳性和舒适性兼备。彗星 1 型客机于 1952 年 5 月正式投入航线运营，翼展 35 米，长度 34 米，高度 8.7 米，起飞重量只有 47600 千克，载客 36 人，最大航程 6074 千米，推力 46.8 千牛。

五、典型的第二代喷气式客机是什么型号？

20 世纪 60 年代，由于耗油率低的涡轮风扇发动机出现，有了第二代中短程客机，代表型号有 DC-9、三叉戟、波音 727 和图 -154 等。

DC-9 客机是美国麦克唐纳·道格拉斯公司研发的中短程窄体民航客机，机身尾部两侧各装一台涡轮风扇发动机，T 形垂直尾翼和水平尾翼，1962 年开始设计，1965 年 2 月首飞，1965 年 12 月 8 日交付投入运营。1982 年停产，总共生产并交付 976 架。

DC-9 中短程窄体民航客机

相关链接

三叉戟客机名字有什么典故？

三叉戟的名字源自希腊神话中的海神波塞冬，他的武器是极具代表性的三叉戟，其外形和长柄的鱼叉相似，中间刺较长而两侧的较短。有些时候两侧的尖刺向外弯，一般没有倒刺。

六、典型的第三代喷气式客机是什么型号?

第三代喷气式客机是针对客运量的飞速增长而研制的宽体客机。代表型号有波音 747、DC-10、L-1011 以及 A300 和伊尔 -86 等。其翼展比窄体客机增加不多,但载重量、载客量、载油量和航程有明显提高。机身直径可达 5.5~6.6 米,是第二代窄体客机的 1.5 倍。起飞重量最大可达 300 吨以上,载客量远程可达 400~600 人。下面以波音 747 为代表进行介绍。

波音 747 双层客舱大型商用宽体客 / 货运输机是波音公司 20 世纪 60 年代末推出的,是世界上第一款远程宽体民用客机,最大总重量达 394 吨。机翼面积为 524.9 平方米,相当于 1.25 个篮球场大小。机身长 70.67 米,中段的客舱富丽堂皇,载客量可达 530 人。油箱容积有 24 万升 (约 3000 辆小汽车的油箱容积)。飞行距离 13450 千米,在当时为世界之最。它曾被誉为"空中女王""巨无霸客机"。

波音 747 于 1970 年投入运营,标志着一个新的航空时代来临。

波音 747 客机

波音 747 客机中段的客舱

在 A380 投入使用之前的 37 年间，波音 747 一直保持全世界载客量最高飞机的纪录。

相关链接

波音 747 带火箭上天

波音 747 无疑是世界上比较成功的一种大型商业客机。由于该机的平台足够大，也可以十分方便地改装成不同任务用途的空中飞机平台（如美国机载激光武器系统的平台）。据外媒最近报道，它化身为"宇宙少女"号空射运载火箭的发射平台，开启了波音 747 客机发展历史上的一个新篇章。

机身左侧翼下方安装了一个大型火箭发射挂架

在机身内部安装了火箭发射所需的操控系统

七、典型的第四代喷气式客机是什么型号？

第四代喷气式客机属于半宽体客机，研制始于 20 世纪 70 年代，80 年代投入使用，着重强调降低运营成本，提高经济性。为此，普

遍采用了更先进的高涵道比涡轮风扇发动机。在气
动设计上，除了精心设计机翼形状、襟翼装置外，
最大的特点是采用了新的"超临界"翼型（上表面
比较平坦，下表面鼓起，后缘部分有下弯）；机翼

A320

带有翼梢小翼；采用先进的电传操纵系统等。主要型号有波音757、
波音767、A310、A320、伊尔-96、图-204等。这一代客机的载客
量一般是200人左右，主要用于中短程航线，普遍安装两台发动机。

　　欧洲空中客车公司是这一代客机制造商中的佼佼者，A310于
1978年开始试制，1982年首次飞行，1983年交付使用。

　　A320于1987年2月22日首次飞行，1988年3月交付使用，是
这一代客机的代表作，因为它是首次使用数字电传操纵飞行控制系统，
并放宽静稳定度设计的民航客机。

　　A320系列有4款不同尺寸的机型：A318、A319、A320、A321，
座位数介于100座到240座之间。前两者为短型，后者为加长型。

八、典型的第五代喷气式客机是什么型号？

　　第五代喷气式客机于20世纪90年代投入使用，
主要型号有波音777、MD-11、A330、A340等。
这一代客机在设计上除了增加载客量、提高适应性
外，继续探索降低油耗、提高经济性。

波音777

波音 777 是由波音公司制造的中远程双引擎宽体客机，1990 年 10 月开始研制，1994 年 6 月首次试飞，1995 年 5 月 17 日交付使用，三级舱布置的载客量为 283 人至 368 人，航程为 9000~17000 千米。客舱宽 5.86 米，双通道，每排 6~10 座，客舱地板下为货舱，是第五代客机的代表。

为了尽量减轻飞机的重量，波音 777 约有 10% 的机体零部件（如副翼、襟翼、升降舵、方向舵、发动机吊舱等）使用了复合材料，从而减轻了 9% 的机身重量。

相关链接

未来的大型客机波音 797

减少油耗、降低运营成本和减小噪声，成了未来客机设计的三大关键要素。在 2015 年巴黎航展上，波音公司首次披露，计划投入高达 100 亿到 150 亿美元的研发成本，开发外形有点像 B-2 轰炸机的 797 远程客机，于 2025 年前后开始向航空公司交付使用。其翼展有 80 多米，机身短而粗，机翼与机身一体化融合，并应用新型的复合材料，因而燃料消耗率更低、效率更高。

B-2 轰炸机

设计中的未来的大型客机——波音 797

九、世界上最大的客机是哪一款?

世界上最大的客机——空客 A380

欧洲空中客车公司研制的 A380，双层宽体客舱，可载客 555 位，是世界上当之无愧最大的客机，素有"空中巨无霸"之美誉。它装有 4 台喷气式发动机，2007 年 10 月第一次商业飞行。它的运营，打破了波音 747 在远程超大型宽体客机领域 35 年的垄断地位。

A380 机身长 73 米，机高 24 米，翼展 79.8 米，航程约 15000 千米，舒适载客 555 人，最高载客 853 人。

A380 是世界上翼展最长的客机，因为国际民航组织推荐的最高等级 4F 机场，能够容纳的飞机翼展也只有 80 米。

相关链接

A380 的应急逃生系统创下了民航客机之最

A380 客机总共有 16 个旅客舱门，均配有救生滑梯，每部滑梯有两个通道，可保证 32 人同时撤离，创下了民航客机之最。在紧急情况下，舱门内所带的充气救生滑梯可在几秒钟内快速展开、膨胀、成型，并形成一定的刚度。

在一次应急撤离演示中，南航 A380 的舱门从打开到滑梯放出，仅用时 11.5 秒，为旅客最快捷地搭建起撤离通道。

空中客车公司的飞机型号

空中客车公司的英文首字母是 A，1969 年开始研制的第一款飞机，设计载客能力是 300 人，所以将其型号定为 A300。

后来空中客车公司在 A300 的基础上又开发了 A310，此后便形成惯例，所有的客机均以 A3X0 命名，如 A320、A330、A340、A380、A350。

为了适应不同客户的需求，同一型号的飞机可以有某些变型，例如同属 A320 家族机型的，机身缩短的叫作 A318、A319，加长的叫作 A321。

当然也有例外，例如上述"空中巨无霸"555 座级超大型远程客机，按照其惯例排序，这架客机的名称应该为 A350。但由于这架飞机本身跨越性很大，因此跳过了 A350，取名为 A380。

那么为什么不把它编为 A360 或 A370 呢？因 360 含有转圆圈的意思，空中客车公司当然不愿意让飞机带着旅客转圆圈；而波音的飞机开头的数字都是"7"，370 和竞争对手波音有着标志性的联系，所以也跳过了。

如何区别空中客车公司的飞机和波音公司的飞机？

我们乘飞机时，遇到空中客车公司的飞机和遇到波音公司的飞机的概率大约各占 50%，那我们如何从外表去区别它们呢？请参阅下表。

空中客车公司的飞机和波音公司的飞机的区别

特征		空中客车公司的飞机	波音公司的飞机
舷窗玻璃形状		呈四边形缺一小角，下边水平	近似于一个直角梯形，下边上斜
翼梢灯光闪动		闪两次停顿，然后再闪两次又停顿	闪一次停顿，然后再闪一次又停顿
发动机数量	2	若主起落架为两侧共 4 轮，则是 A320 主起落架为双轮，机身与机翼连接处无整流罩，若第二扇门在机翼上方则是 A310，若第二扇门不在机翼上方，则是 A300	若主起落架为两侧共 4 轮，发动机在机翼下的是 B737，否则是 B717 若主起落架为两侧共 4 轮，机身修长的是 B757，否则是 B767

（续）

特征		空中客车公司的飞机	波音公司的飞机
发动机数量	2	机身粗，且与机翼连接处有大块整流罩，则是 A330	若主起落架为每侧三组 6 轮，扁尾椎的是 B777；每侧两组 4 轮，圆锥尾椎的是 B767
	3	—	B727
	4	客舱上下层的是 A380（有翼梢小翼），单层的是 A340	前客舱双层的是 B747，否则是 B707
其他		机翼上有三角形翼梢小翼的是 A320 系列（A319 为机舱 3 扇门，中间的很小；A320 为机舱 4 扇门，中间 2 扇门很小；A321 为机舱 4 扇门，差不多大小） 机翼上有片状翼梢小翼的是 A330、A340 机身庞大，有翼梢小翼的是 A380	B757 为单通道，机身腹部局部微凸 B767 为双通道，机身腹部圆滑

十、航程最大的单通道窄体客机可飞多远？

世界上航程最大的单通道窄体客机，是空中客车公司的超远程型 A321XLR 客机，它比上一代竞争机型降低 30% 的单座燃油消耗，最大航程可达 8700 千米。也就是说，可以从北京直飞法国巴黎，中途不用加油。环绕地球一圈，也只要在空中加 4 次油。其经过优化的后部中央油箱的容量更大，而占据的货舱空间更小，从而拥有更多的货舱空间来装载远程航线货物及行李。

超远程型 A321XLR 客机

相关链接

为什么民航飞机的飞行路线为曲线？

　　民航客机安装的导航设备，通常是 GPS、甚高频和惯性导航。飞行时间越长，惯性导航的误差越大，即使 GPS 精度再高，也需要通过地面导航台来进行位置校准。再加上天空中气象瞬息万变，为了绕过雷区等障碍，或者准备应对突然事故，飞机必须选择离机场比较近的导航点，接受空中管制，所以飞机的航线总是曲线。

十一、飞得最快的客机速度是多少？

　　世界上飞得最快的客机，是英法合作生产的协和式飞机，巡航速度达到 2150 千米每小时（为声速的两倍多）。1976 年投入运营，最大载重航程 5000 千米，巡航高度 18 千米。如果在空中加 7 次油，只需 18.6 个小时，便可携 140 位旅客环绕地球一圈，是世界上飞得最快的客机，曾经辉煌一时。

乘协和式飞机从巴黎飞到纽约只需约 200 分钟，还不到 3.5 小时，从伦敦飞抵纽约耗时 2 小时 53 分钟。因为伦敦与纽约的时差为 4 小时，所以搭乘协和式飞机的旅客最喜欢说："我还没出发就已经到了。"

协和式飞机

十二、清洁能源客机将成为新成员？

据航空业的权威机构——国际航空运输协会公布的数据，2018年全世界总共有近 4000 万个航班起降。若按平均一个航班 2 小时，一般民航飞机飞行每小时耗油 3 吨计算，那么每年消耗的燃料要高达2.4 亿吨，给地球造成的环境污染可想而知。为此，清洁能源客机——电动客机和太阳能客机成为众望所归。

（一）第一架纯电动客机首飞

2019 年 12 月，世界上第一架由 DHC-2 水上飞机改装的纯电动客机，在加拿大温哥华的一条河流上首飞，成功飞行 15 分钟（可飞行约 160 千米，且有 30 分钟航程的备用电池）。该机目前仅适用于

第一架纯电动客机首飞

短程飞行，但可节省大量的维护保养成本，且具有碳零排放的优势，只是在电池能量密度和安全上存在问题。尽管如此，北美最大的水上飞机航空公司海港航空公司已宣布其 34 架飞机将全部实现电动化。

（二）小型多用途"e 大篷车"电动飞机试飞成功

2020 年 5 月 28 日，一架全电动小型多用途飞机"e 大篷车"，在美国华盛顿州试飞成功。这架电动飞机以赛斯纳 208B 为原型进行设计，翼展只有 16 米，推进系统功率 560 千瓦。当天早晨从华盛顿州中部的格兰特郡立国际机场起飞升空，飞行 30 分钟后降落，最高飞行高度 762 米。马尼克斯公司首席执行官称，"e 大篷车是世界上飞行成功的最大电动飞机"。

陆上型

两栖型

赛斯纳 208B 飞机

（三）"阳光动力 2 号"太阳能飞机环球飞行

2015 年 3 月 9 日，两名瑞士探险家乘坐"阳光动力 2 号"太阳能飞机从阿拉伯联合酋长国的阿布扎比机场出发，开始环球飞行，途经阿曼、印度、缅甸、中国（3月31日停留重庆、4月1日停留南京）、日本、美国、西班牙、埃及等国的16座城市。2016年7月26日，这架世界上最大的太阳能飞机，成功

"阳光动力 2 号"飞机

回到阿布扎比机场，完成人类首次乘坐太阳能飞机环球飞行的壮举！

　　"阳光动力 2 号"飞机的翼展为 72 米，机上有 17248 块太阳能电池（提供 65 千瓦的峰值功率）和 633 千克锂电池，表面使用碳纤维材料，空机重量仅为 2.3 吨，与一辆小汽车相当。飞机上设有通话、网络等设备，可随时保证飞机与地面的联系。白天，依靠两翼上安装的太阳能电池板为直流电动机提供动力，同时对锂电池充电以保证夜间或阴雨天不间断飞行。晚上，依靠储存在锂电池里的电能继续飞行。

运输机——空运大力士

　　运输机按用途分为军用运输机（按使用性质分为战术运输机和战略运输机）、民用运输机和通用运输机，按速度分为亚声速运输机、超声速运输机和高超声速运输机，按航程分为中程运输机和远程运输机，按载重分为轻型运输机、中型运输机和大型运输机。

一、最大的军用运输机是什么型号？

当代最大的军用运输机，是苏联生产的"安-225"运输机，它是苏联在1985年春为背负"暴风雪号"航天飞机与其他火箭设备而设计研制的，1988年底进行第一次试飞，1989年5月完成首次背负"暴风雪号"航天飞机飞行。

安-225运输机机身长84.4米，翼展88.4米，机高18.20米，装有6台D-18T涡轮风扇发动机。最大载重量超过250吨、最大起飞重量600吨，可谓前无古人后无来者。最大航程为15000千米，巡航速度为800~850千米每小时，飞行高度为10000米，被认为是国际空运市场上名副其实的"大力士"。在负载100吨、200吨、300吨的情况下，分别能持续飞行9600千米、4500千米、2500千米，是国际航空联合会在2004年11月新制定的世界纪录标准

苏联生产的"安-225"运输机

搭载"暴风雪号"航天飞机飞行

巨型货舱

波音 747 货机也能运送航天飞机!

美国国家航空航天局专门改装了两架波音 747 作为航天飞机载机，在其机背上安装了可与轨道器相连的支架。由于背负轨道器飞行的过程中，机背上的轨道器会严重影响垂直尾翼的效率，所以在平尾两侧加装了两块端板，以确保充足的航向稳定性。

波音 747 货机运送航天飞机

中，远程飞行的载重纪录保持者。这个型号的运输机仅制造过一架。

"安 -225"运输机的货舱全长 43.51 米，最大宽度 6.68 米，最大高度 4.39 米，可装 16 个集装箱。货舱内还装设了起重机，货舱门可以向上掀开。如果改装成客机，估计可以同时容纳 1500~2000 名乘客，比目前世界上最大的客机 A380 要大得多。

二、设计最成功的军用运输机是什么型号?

世界上设计最成功的军用运输机，是美国洛克希德·马丁公司生产的 C-130 运输机。它服役 60 多年，畅销 70 多个国家和地区。几十年来，一共发展了接近 40 种不同型号，累计产量约 2300 架。

C-130 运输机采用上单翼，安装 4 台涡轮螺旋桨发动机，最大飞行速度 592 千米每小时，最大航程 3800 千米。机身尾部留有大型货舱门，这种设计方式成为后来运输机的通用做法。该机机身长 29.8 米，翼展 40.4 米，空机重量 34.4 吨，最大起飞重量超过 70 吨。

　　由于 C-130 运输机可以用火箭减速、火箭助降，所以低速性能好。

　　虽然 C-130 运输机看上去有点呆头呆脑，但是因为它的低速性能好，衍生了很多奇葩用途，令人脑洞大开。

C-130 运输机

火箭减速

火箭助降

C-130 运输机的降落措施

作舰载机在航母上起落

同时给两架直升机加油

在空中回收小型卫星返回舱

执行对地目标攻击任务

C-130 运输机的奇葩用途

三、最大的螺旋桨运输机是什么型号?

　　安-22远程重型军用运输机是世界上最大的涡轮螺旋桨运输机,主要用于运载重型军事装备。它可载重 80 吨飞行 5000 千米,货舱容积 639 立方米,是当时苏联唯一能运送重量为 37.5 吨的 T-62 坦克的飞机,亦可用来运载地空导弹、火箭发射车、导弹运输车、汽车等。

安-22 和它的货舱

　　安-22 的翼展 64.40 米，机身长 57.92 米，机高 12.53 米，货舱（不含驾驶舱）长 33.00 米，最大宽度 4.40 米、最大高度 4.40 米。空机重量 114 吨，最大起飞重量 250 吨。最大平飞速度 740 千米每小时，最大巡航速度 685 千米每小时。

　　安-22 配 4 台涡轮螺旋桨发动机，每台安装一组同轴反转螺旋桨，具有极佳的简易跑道起降能力。

四、用不锈钢制造的运输机

　　这个标题可能让你大跌眼镜，因为铝合金的密度小，用它来制造飞机天经地义，为什么要用不锈钢呢？可是事实胜于雄辩，留下来的仅

RB-1 单翼运输机

仅一架用不锈钢制造的 RB-1 单翼运输机，现在露天停放在美国亚利桑那州图森市的皮马航空航天博物馆，至今机身也还是明晃晃的。

用不锈钢造飞机，是那位设计师不懂？当然不是。原因是在第二次世界大战期间，美国对铝的需求量非常大，于是当局鼓励用其他金属来建造飞机，这架不锈钢运输机便应运而生。

歼击机——云霄斗士

1903 年莱特兄弟制造了世界上第一架有动力的飞机，在其后十几年间，它基本上只是一种用于竞赛和表演的娱乐工具。但是，随着第一次世界大战爆发，这个"会飞的机器"逐渐被用于军事目的。

最开始军用飞机的主要任务只是在战区侦察，或者只是随身携带手枪，甚至用砖头、小型火箭去杀伤敌人，十分搞笑。后来法国人最先尝试给飞机加装机枪后，才正式向歼击机的角色转变，飞机从此与战争结下不解之缘。

用于杀伤对方飞行员的小型火箭

一、世界上第一架螺旋桨歼击机是什么型号？

世界上第一架螺旋桨歼击机的型号是 Ca.20，它是第一次世界大战期间由意大利卡普罗尼公司于 1914 年制造的。由于当时凸轮同步协调器还没有问世，所以它的刘易斯机枪（口径 7.7 毫米）只能高高地架在飞行员头顶上方，枪弹越过螺旋桨上方射出。弥足珍贵的原件至今珍藏在美国西雅图飞行博物馆。

二、世界上第一架喷气式歼击机是什么型号？

世界上第一架喷气式歼击机是 20 世纪 30 年代由德国梅塞施密特飞机公司研制的 Me262，于 1942 年 10 月试飞。

Me262 歼击机是一种全金属半硬壳结构轻型飞机，呈三角形断面流线机身，机翼后掠 18.5 度。前三点式起落架，可收于机身内部。安装两台轴流式涡轮喷气式发动机。1944 年 4 月 Me262 开始服役。

Me262 机身长 10.6 米，翼展 12.5 米，高度 3.5 米，空机重量 4 吨，最大起飞重量 7045 千克，最大飞行速度 870 千米每小时，实用升限 11500 米，航程 1050 千米。主武器是 4 门 30 毫米 MK108 机炮，副武器是外挂 2 门 30 毫米 MK103 机炮，并备有 EZ-42 陀螺瞄准仪或莱比 16B 瞄准仪。

Me262 歼击机

三、世界上第一架垂直起降歼击机是什么型号？

20世纪60年代，世界上第一架具有垂直／短距离起降能力（还可以倒退和悬停）的飞机——鹞式歼击机诞生。它由英国霍克飞机公司和布里斯托尔航空发动机公司联合研制，1967年12月试飞。鹞式歼击机主要用于海上巡逻、舰队防空、攻击海上目标、空-空作战、侦察和反潜等。

鹞式歼击机(以GR7为例)机身长14.12米，翼展9.25米，机高3.55米，最大起飞重量14061千克，最大飞行速度1085千米每小时，最大作战半径1100千米，升限15170米，配备了一门25毫米航炮，携带6枚"响尾蛇"空对空导弹或4枚"幼畜"空地导弹。

鹞式飞机为什么能实现垂直起降和悬停呢？原因是它的发动机"飞马"与众不同。从外形上看，"飞马"发动机很像一套连裤，前后各有2个喷口，这4个喷口可以旋转0°~98.5°。当飞机起飞时，4个喷口同时向下偏转，把飞机托起。

飞机到了空中，飞行员便逐渐操纵喷口向后转动，发动机产生的推力推动飞机前进。飞机开始着陆时，喷口完全垂直于地面，由于飞机悬停在空中，机翼不产生升力，飞机的重量完全由发动机产生的垂直推力来平衡。当飞行员慢慢关小油门，垂直推力慢慢

鹞式歼击机

变小，飞机开始缓慢下降，直至最后着陆。它结束了喷气式飞机只能依赖跑道起降的历史。

相关链接

鹞式歼击机居然能在一艘没有飞行甲板的西班牙货轮上成功迫降！

1983 年 6 月的一天，一个英国年轻飞行员正在进行例行的航母起飞训练。起飞后不久，航电设备出现了严重的故障，与母舰失去了联系。就在燃料即将耗尽时，飞行员在无奈中突然看见前方海面上，有艘西班牙货轮，便急中生智缓慢地降落在货轮上。由此可见其垂直起落性能有多么牛！

搭载鹞式歼击机的货船靠岸

四、世界上第一架超声速巡航歼击机是什么型号？

世界上第一架超声速歼击机是闪电歼击机,由英国电气公司设计。尽管它航程较短、载弹量不多，但仍是一种强劲、令人印象深刻的歼击机。

闪电歼击机翼展 10.61 米，机身长 16.81 米，机高 5.97 米，正常起飞重量 18000~19000 千克，最大起飞重量 21770 千克，空机重量 13400 千克，空战重量 16600 千克，机内携油量 3800 千克，最大平飞速度（11000 米高度）2335 千米每小时，相当于 2.2 马赫，最大平飞速度（海平面高度）1200 千米每小时，相当于 0.95 马赫，最大巡航速度 957 千米每小时（11000~12000 米高度），最大爬升速度 254 米每秒（海平面），实用升限 18300 米，作战半径 370~830 千米。

闪电歼击机

五、歼击机中有采用前掠翼的吗？

后掠翼歼击机常见，而前掠翼却罕见。究其原因是，虽然前掠翼在结构和机动性能上有诸多优点，但其优势的发挥有一定的局限性，而且前掠翼飞机翼尖靠前，不适合超声速飞机。另外，前掠翼对歼击机材料的要求非常严苛。尽管如此，也确有采用前掠翼的歼击机，例如 20 世纪 80 年代开始研发的苏 -47 歼击机（于 1997 年 9 月 25 日首飞，是俄罗斯第五代歼击机的技术验证机之一，其最大平飞速度达 1.65 马赫）。

苏 -47 歼击机

六、喷气式歼击机如何划分"代"？典型机型是什么？

现在使用中的喷气式歼击机分为五代，第六代还在孕育中。

（一）第一代喷气式歼击机

主要指 20 世纪 50 年代前，首批采用喷气式发动机的歼击机。它们一般是小后掠角机翼、带机炮，有的有雷达。代表机型有苏联的米格 -15 和美国的 F-86 等。

米格 -15

F-86

（二）第二代喷气式歼击机

主要指 20 世纪 50 年代至 60 年代研制的歼击机，它们开始使用制导导弹，配置雷达，机翼采用后掠翼或三角翼，机身按面积律设计。代表机型有美国的 F-100 和苏联的米格 -19 等。

F-100

米格 -19

（三）第三代喷气式歼击机

主要指 20 世纪六七十年代后出现的歼击机。它们的机动性更好，并配备性能优异的导弹、雷达和其他航电系统，机炮再次成为标配。代表机型有法国的"阵风"和美国的 F-16 等。

"阵风"

F-16

（四）第四代喷气式歼击机

主要指 20 世纪 70 年代至 90 年代初的多用途歼击机，马赫数 > 2，超视距打击，具有隐身性能，采用电传控制。代表机型有美国的 F-15 和欧盟的"台风"等。

F-15

"台风"

（五）第五代喷气式歼击机

这是目前最先进的一代歼击机，采用隐身设计，具有超声速巡航、超视距超机动打击能力，超级态势感知，同时还配备能降低飞行员工作载荷、提高其状态感知的综合航电系统等。典型机型有美国的 F-22 和俄罗斯的苏 -57。

F-22

苏 -57

轰炸机——移动炸药库

轰炸机是用来从空中对敌方地面或水上、水下的目标进行轰炸的

飞机。现代的重型轰炸机的载弹量可达 20 吨以上，所以被称为移动炸药库。

最初的轰炸机十分简陋，甚至投弹都没有专门的瞄准器具，而是由后座上的投弹员，用手直接拿着炸弹，从空中扔向地面目标，只能起到吓唬敌人的作用。机械瞄准具和光学瞄准具是经过了多年的改进之后才出现的。而现代轰炸机投弹，都是采用激光、无线电、电视成像和 GPS 等多种方式复合制导。

原始的投弹方法

相关链接

轰炸机的三种分类方法

一是按载弹量分为轻型（3~5 吨）、中型（5~10 吨）和重型（10 吨以上）；二是按航程分为近程（3000 千米以下）、中程（3000~8000 千米）和远程（8000 千米以上）；三是按轰炸目标的类型分为战术轰炸机和战略轰炸机。战术轰炸机主要用来对小目标进行攻击，以达到比较小的战术目的；随着歼击轰炸机的出现，空中加油技术的日臻成熟，这种轰炸机已经逐渐被淘汰。战略轰炸机是对战争全局产生影响，从根本上削弱敌方战争支持者，如对敌人大后方的政治、经济中心，工业区、能源设施、交通枢纽以及其他重要的军事目标实施轰炸。

一、世界上第一架重型轰炸机

世界上第一架重型轰炸机是伊里亚·穆罗梅茨重型轰炸机，由俄国圣彼得堡的波罗的海车辆工厂研制。它的名字取为俄罗斯勇士歌中的主人公、俄罗斯大地卫士的名字。该机机组成员 4~8 人，空机重量 4545 千克，机身长 22 米，翼展（上）35.5 米 /（下）24.9 米，装有 4 台 74 千瓦四气缸水冷发动机；起飞重量 6100~7500 千克，飞行速度 137 千米每小时，最大升限达 4000 米，最大航程为 540 千米。

飞机上装有驾驶和领航仪表以及轰炸瞄准具，安装的机枪最多达到 8 挺，机身内可挂 400 千克（超载时可达 700~800 千克）航空炸弹，并且首次采用了电动投弹器，从而成了世界上第一架重型轰炸机。

伊里亚·穆罗梅茨重型轰炸机

伊里亚·穆罗梅茨重型轰炸机有一部分型号配备双发动机，还有一部分型号安装了浮筒，成为水上重型轰炸机。

二、服役时间最长的战略轰炸机

B-52 轰炸机是美国波音公司研制的亚声速八发动机远程战略轰炸机，主要用于远程常规轰炸和核轰炸。1948 年提出设计方案，原型机 1952 年 4 月首次试飞成功，1955 年 6 月开始批量交付使用，先后有 A、B、C、D、E、F、G、H 等 8 种系列型号，1962 年停产，共生产了 744 架。20 世纪 90 年代是 B-52 轰炸机使用的鼎盛时期，至今仍"宝刀不老"。根据美空军作战司令部的规划，B-52 轰炸机将至少服役至 2040 年，服役时间将长达 85 年，成为服役时间最长的战略轰炸机。

B-52 轰炸机

该机乘员 5 人；机身长 48.5 米，翼展 56.4 米，高度 12.4 米；空机重量 83250 千克，最大起飞重量 220000 千克；最大飞行速度 1000 千米每小时（0.81 马赫），巡航速度 800~896 千米每小时，实用升限 15000 米，最大航程 16232 千米；导弹弹舱和翼下可挂 20 枚 AGM-69A 空地导弹，炸弹最多携带 31500 千克，可携带常规炸弹或核弹；配备 1 门 20 毫米 M-61 "火神"六管机炮。

三、世界上第一架实用型变后掠翼轰炸机

FB-111 战略轰炸机是美国通用动力公司研制的世界上第一架实用型变后掠翼轰炸机。原型机于 1967 年 7 月试飞，生产型于 1969 年 10 月开始交付使用，1971 年停产，共生产 76 架。FB-111 战略轰炸机可用于常规和核轰炸，以高空高速和低空高速突防，对目标进行核轰炸或发射近距攻击导弹，主要机载设备包括 MK Ⅱ -B 导航 / 轰炸系统、武器投放计算机、攻击雷达、APQ-128 地形跟踪雷达和雷达高度表等，可携带 GBU-15 激光制导炸弹和"不死鸟"空空导弹，也可

携带常规炸弹，或 6 枚 AGM-69A 近距攻击导弹或 5000 千克核弹。

FB-111 战略轰炸机翼展 21.34 米，全后掠时 10.34 米，机身长 22.4 米，机高 5.22 米，后掠角 16°~72.5°。空机重量 21545 千克，最大起飞重量 45400 千克，载弹量 9500~17000 千克。最大平飞速度（高度 12200 米）2337 千米每小时（2.2 马赫）、（海平面）1225 千米每小时（1 马赫），实用升限 16800 米，航程 3200~4400 千米。

FB-111 战略轰炸机

相关链接

为什么有的飞机的机翼后掠角度要变化？

飞机在跨声速飞行过程中必须克服激波阻力，冲破声障，所以机翼要有后掠角。然而，飞机的速度增加后，阻力也随之增大，这时需要减小机翼面积。为了让飞机在超声速与亚声速飞行条件下都能保持最佳的性能，最好的办法就是让机翼可以自由改变后掠角度。由于这一套机构相当复杂，所以需要有先进的计算机自动控制系统。

不过，随着高性能的飞控软件发展，在强调隐身突防的当下，变后掠翼的技术优势已经没有那么明显，故已渐渐被人们所抛弃。

四、世界上唯一一种隐身战略轰炸机

世界上唯一一种隐身战略轰炸机是 B-2 轰炸机，由美国诺斯罗普公司于 1981 年 10 月开始研制，其主要作战任务就是利用优异的隐身性能，从高空或低空突破敌方的防空系统，对战略目标实施核轰炸或常规轰炸。该机两个内置武器舱内有旋转式发射架，一共可携带 16 枚 SRAM Ⅱ 短距攻击导弹或 AGM-129 先进巡航导弹以及各种核弹或常规炸弹。

B-2 轰炸机

B-2 轰炸机机身长 21.03 米，高 5.18 米，翼展 52.43 米，最大载弹量 22680 千克。在空中不加油的情况下，作战航程可达 1.2 万千米，空中加油一次可达 1.8 万千米。每次执行任务的空中飞行时间一般不少于 10 小时，美国空军称其具有"全球到达"和"全球摧毁"能力。

B-2 轰炸机的大部分表面都被一层特殊的弹性材料覆盖，使表面保持均匀的电导率以减少来自接头或接缝处的雷达波反射；凡是不能依靠外形进行隐身的部位（如进气口）都要涂上雷达吸波材料（RAM），所以隐身性能出众，其雷达反射截面的面积不到 0.1 平方米，不设置尾翼就是这个道理。

五、全世界唯一在役的涡桨发动机轰炸机

图 -95 轰炸机是全世界唯一在役的涡桨发动机轰炸机，由苏联图波列夫飞机设计局设计，于 1953 年夏首飞。它采用圆形截面的细长机身、大展弦比后掠机翼和单垂尾的总体布局。

图 -95 轰炸机机身长 46.7 米（后期的型号机身更长），翼展 50 米，机高 12 米。最大飞行速度 900 千米每小时，最大航程接近 2 万千米。其空机重量接近 90 吨，最大起飞重量达到 182 吨。机身弹舱内可携带 15~25

图 -95 轰炸机

吨常规炸弹，也可携带水雷、鱼雷、遥控炸弹和核弹等。图 -95 轰炸机机组编制 7 人，其中包括 2 名飞行员、1 名机尾炮手和 4 名其他人员。

六、世界上最大的超声速可变后掠翼远程战略轰炸机

2020 年 2 月 2 日，俄罗斯图波列夫公司向媒体表示，改进型图 -160M2 战略轰炸机在俄罗斯喀山完成首次试飞，本次试飞高度 1500 米，持续 34 分钟，试飞员顺利完成了任务。

图 -160M2 是在图 -160 轰炸机的基础上改进而成的（外形尺寸基本不变）。据其官方宣称，安装了新型发动机、电子设备（使用全新的玻璃化座舱和电子战系统）和机载武器后，战斗效能将比现役的图 -160 提高 2~2.5 倍，航程增加 1000 千米，并将服役至 2040 年，是世界上最大的超声速可变后掠翼远程战略轰炸机。

图 -160M2 战略轰炸机

侦察机——战场"扫描仪"

　　侦察机是现代战争中的主要侦察工具之一，按任务内容可分为战略侦察机和战术侦察机。前者一般具有航程远和高空、高速飞行性能，用以获取战略情报，多是专门设计的；后者具有低空、高速飞行性能，用以获取战役战术情报，通常由歼击机改装而成。

　　按有无人驾驶，侦察机分为人工驾驶侦察机和无人侦察机两类。无人侦察机安装有自动驾驶仪、程序控制装置等设备，由地面、舰艇上或母机遥控站的人员通过雷达等设备，对其进行跟踪、定位、遥控、遥测和数字传输的各式遥控飞行器。人工驾驶侦察机主要执行敌方防空火力圈之外的侦察任务，深入敌方空域的侦察任务由无人侦察机来完成。

一、世界上最快的侦察机

　　目前世界上最快的侦察机是美国的 SR-72 侦察机，据美国《航空周刊》披露，SR-72 侦察机的最高飞行速度能达到 6 马赫，其飞行速度比一些常见的导弹还要快，堪称人类制造的"最快飞机"。

SR-72 侦察机

二、世界上最小的侦察机

目前世界上最小的侦察机是"黑蜂-3"无人侦察机，据报道，该无人机全长仅 16 厘米，重量仅为 18 克，完全可以轻轻松松地放入到口袋里去。

"黑蜂-3"无人侦察机

三、飞行时间最长的侦察机

MQ-9 侦察机的最高飞行速度 650 千米每小时，航程 25000 千米，实用升限 20 千米。由于装载的燃油重量高达 7 吨，所以续航时间可达 42 小时，是目前世界上飞行时间最长、距离最远、高度最高的侦察机，曾经创造了单机 2 万小时的飞行纪录。

MQ-9 侦察机

预警机——空中堡垒

预警机是装有远距离搜索雷达、数据处理、敌我识别以及信号导航、指挥控制、电子对抗等完善的电子设备，用于搜索、监视和跟踪空中和海上目标的作战支援飞机。它集侦察、指挥、控制、引导、通信、制导和遥控于一身，已经成为名副其实的"空中堡垒"，就像是一国空军的眼睛，对于国防、情报收集等至关重要。下面介绍几种典型的预警机。

一、美国 E-737 预警机

E-737 预警机装备了多功能电扫描相控阵雷达，其雷达天线布局很特殊，像"背鳍"，最大探测距离 600 千米，可以实现 360° 无死角扫描，能同时跟踪 300 个空中或地面目标，并指挥作战任务。

E-737 预警机

二、以色列"费尔康"预警机

"费尔康"预警机是世界上第一种相控阵雷达预警机，采用了"环"式布局全固态电扫描相控阵雷达，机鼻、机尾和机身两侧安装有天线阵列，可 360° 无死角扫描，在半径 350 千米的空域内同时追踪 60 个目标。

"费尔康"预警机

三、其他性能优异的预警机

除了上述两种，还有很多性能优异的预警机，如美国格鲁门公司研制的 E-2C "鹰眼"预警机、波音公司研制的波音 E-767 预警机、美国的 E-3 预警机、俄罗斯的 A-50 预警机和英国海王 -MK2 空中预警直升机等。

E-2C "鹰眼"预警机

波音 E-767 预警机

E-3 预警机

A-50 预警机

英国海王 -MK2 空中预警直升机

舰载机——刀尖上的舞者

舰载机是指在航空母舰上起降的飞机,由于能够提供舰载机起飞、着舰使用的距离只有百米左右,而且海面上的舰艇要受风浪的影响,所以舰载机可谓是刀尖上的舞者。

舰载机多种多样,歼击机、反潜机、预警机、加油机、侦察机和电子对抗飞机等都可以成为舰载机。

一、世界上第一架舰载机是什么型号?

世界上第一艘真正意义上的航空母舰诞生于英国,这就是 1917

年正式服役的"暴怒"号，但在其上起降的是陆用双翼螺旋桨飞机，因此算不上真正意义上的舰载机。日本于 1922 年拥有航空母舰凤翔号，设计了世界上第一架舰载机——三菱 A5M/96 式舰载机，于 1937 年正式服役，先后发展了几个型号。

A5M/96 式 4 号舰载机有乘员 1 人；机身长 7.55 米，翼展 11 米，机高 3.2 米；空机重量 1216 千克，最大起飞重量 1822 千克，最大飞行速度 440 千米每小时，航程 1200 千米，升限 9800 米，机头装载两挺九七式 7.7 毫米机枪。

A5M/96 式 4 号舰载机

二、世界上第一架隐身舰载机

F-35C 舰载机是有史以来，第一种同时具备隐身和超声速飞行能力的海军用喷气式战机，是世界上第一种五代航母舰载机。

其出色的隐身性能和电子战能力首屈一指，为满足舰载要求，F-35C 特别加大了翼面的几何尺寸，并采用了可折叠式机翼，起落架和机身结构强度也加强了。美国海军宣称，该机的最大航程约为现役 F/A-18C 战机的两倍，并拥有内置式航炮、先进传

F-35C 舰载机

感器与更大的载弹量，舰载机榜首毋庸置疑。

F-35C 的最大飞行速度为 1.6 马赫。不过，因其隐身能力强，使其在空战中能够隐蔽接敌，并能够在雷达不开机的前提下发射空对空导弹。

三、多用途舰载机

F/A-18 舰载机是美国波音公司为美国海军研制的舰载单座双发动机超声速多用途舰载歼击机，1978 年 11 月首飞，1983 年服役，主要用于海上防空，也可用于对地攻击。对于空间有限、舰载数量不多的航空母舰而言，像 F/A-18 这种角色多变的泛用机种，是非常优秀的配属选择，也是美国海军最重要的舰载机种，被誉为"美国航母上的重量级杀手锏"。

F/A-18舰载机机身长18.4米，翼展13.6米，机高4.9米。最大起飞重量16651千克，最大飞行速度1915千米每小时，最大航程1445千米；安装两台涡轮风扇发动机；配备空-空导弹（AIM-9或AIM-120）、常规炸弹、"宝石路"激光制导炸弹、空-地导弹、增敏型防区外对地导弹、高速反雷达导弹等。

F/A-18 舰载机

四、世界上最大的重型舰载机

苏 -33 舰载机现为俄罗斯海军库兹涅佐夫号航空母舰上的主战机种，亦为世界上最大的重型舰载机。它不是靠弹射起飞，而是靠滑跃起飞，可见其发动机功率相当强大。

苏 -33 舰载机

对舰载机的特殊要求是什么？

由于舰载机要在航母上起飞、降落和停留，所以要求起飞距离要短，机翼或旋翼要能折叠收纳，机身零部件要抗海风、海水侵蚀，同时对飞机强度和起落架设计的要求也更高。

舰载机是如何起飞降落的？

航空母舰上的舰载机起飞，主要有两种方式，一是加助力，二是垂直起降。

1. 加助力：在发动机起动时，用弹射器助力。弹射器一般有 4 降：

（1）蒸汽弹射器　一般由动力系统、往复车、导向滑轨等构成。弹射起飞时，飞行员操纵飞机松开制动，加大功率，并在弹射器动力系统的强力作用下，使往复车拉着挂在飞机上的拖索，沿导向滑轨做加速运动，达到升空速度时再起飞。目前各国航母上使用的蒸汽弹射器，一次只能弹射一架飞机。

（2）内燃式弹射器 弹射器是用燃油、水和压缩空气喷入燃烧室产生的燃气作动力，弹射飞机。

（3）飞轮储能式弹射器 将燃气轮机发出的能量储存在飞轮内，通过离合器、绞车、传送带牵拉往复车弹射飞机。

（4）电磁弹射器 这是一种高科技的弹射法，具有容积小、效率高、重量轻、运行和维护费用低廉等优点，而且电能的储存和集中释放非常快速。这种方法由电源能量贮存系统、把贮存的能量转变成高频脉冲的弹射直线电动机和控制台等子系统组成。电磁弹射器可以采用串联式弹射结构，即一部串联式电磁弹射器可以顶几部蒸汽弹射器使用！如果多部串联式弹射器同时运行能在极短的时间内弹射出庞大的机群。

飞机在航空母舰上降落时，先放下尾部的尾钩，等到尾钩与甲板上的阻拦索相挂后，再向前冲一段距离后就可以刹住。如果出现故障，则要在降落区域甲板上，临时架设高强度尼龙带制成的拦机网。

2. 垂直起降

垂直起降的飞机在起飞时必须经过三个步骤：垂直起升、空中悬停，水平飞行。降落时则相反。

俄罗斯雅克 -141 歼击机、美国 AV-8 系列歼击机、F-35B 联合歼击机和前面介绍的英国鹞式歼击机等都是垂直起降飞机的代表机型。

反潜机——潜艇克星

反潜机泛指担任搜索、标定与攻击潜艇的军用飞机，大致可以分为水上反潜机、反潜直升机、岸基反潜机和舰载反潜机四种。

反潜机可以利用扫海雷达探测、声呐浮标探测等多种探测手段对海区进行探测。就拿声呐浮标探测来说，一架反潜机可以同时携带几十或者上百个声呐浮标来对海区进行探测，从而使得水里的潜艇"无所遁形"。

一、美国 P-8 反潜巡逻机

美国 P-8 反潜巡逻机是目前世界上最先进、作战性能最好的反潜巡逻机之一。除了主要承担远洋反潜（可以携带 100 多个声呐浮标，见下图）和海上侦察巡逻任务，还可携带 4 枚鱼叉反舰导弹，用于反舰作战，此外还可用于电子情报侦察任务。

美国 P-8 反潜巡逻机

人工装填声呐浮标

二、日本 P-1 反潜机

日本 P-1 反潜机是由川崎重工业公司生产的新一代喷气式大型反潜巡逻机，是飞行性能最好的巡逻机，巡航速度达到 833 千米每小时。

P-1 反潜机安装 HPS-106 主动相控阵雷达，雷达天线安装在驾驶舱顶部、机身上部、机翼翼尖和垂尾顶端处，波束可实现 360° 覆盖，具有气象、导航、对海搜索和对空警戒等多种工作模式，可在高空发现伸出水面的潜望镜。雷达整流罩后方和机尾左右两侧，是导弹告警系统。

日本 P-1 反潜机

直升机——低空全能

直升机是指依靠发动机驱动旋翼产生升力和纵横向拉力及操纵力矩，能垂直起降的航空器。相对于固定翼而言，它的突出特点是可以做低空（离地面数米）、低速（甚至悬停）和机头方向不变的机动飞行，特别是可在小面积场地垂直起落，无论在军事方面（如对地攻击、武器兵力运送、战场救护、侦察巡逻、反潜扫雷等）还是民事方面（如短途运输、医疗救护、救灾救生、吊装设备、护林灭火、空中摄影等），都有广阔的用途及发展前景。

　　直升机能够飞起来主要是因为它的机身上有一个大螺旋桨，尾部有一个小螺旋桨（尾桨）。大螺旋桨用于提供升力，而尾桨用于抵消大螺旋桨产生的一个力矩，使直升机不会在空中打转。

单旋翼　　　　　　　　　　　　共轴式双旋翼

横列式双旋翼　　　　　　　　　纵列式双旋翼

交叉式旋翼　　　　　带辅助翼直升机

普通直升机按旋翼布局的分类

直升机可分为普通直升机和倾斜旋翼机两种，前者又可分为单旋翼、双旋翼（包括共轴式双旋翼、横列式双旋翼、纵列式双旋翼和交叉式旋翼）和带辅助翼直升机。

为什么不能把直升机叫作直升飞机？

　　"飞机"这个词汇，在一般人的概念中，就是指所有会飞的带动力的机器。但是在学术界，有更严格的定义。飞机是指由固定翼产生升力，由推进装置产生前进动力能够飞行的航空器。而直升机则是一种以动力装置驱动旋翼，产生升力和推进力的航空器。

有没有不用尾桨的单旋翼直升机？

　　答案是有。为了抵消直升机大螺旋桨产生的反作用力，还有两种方法：一种是采用安装在涵道式外壳内的吹风扇代替外置式尾桨，称为涵道式尾桨，其优点是安全性高、振动和噪声小，缺点是重量大、造价高、推重比相对较低等；另一种是采用水平旋翼提供升力，机身尾部侧面有空气排出，与旋翼的下洗气流相互作用，产生侧向力来抵消旋翼产生的转矩。

采用涵道式尾桨的直升机

无尾桨直升机

一、世界上第一架实用型直升机

世界上第一架公认的实用型直升机 VS-300，于 1939 年 9 月 14 日首飞，设计者是俄罗斯籍的美国工程师伊戈尔·西科斯基。一年后，美国陆军就决定购买 VS-300 的改进型 VS-316 直升机。这是世界上最早入列的直升机，单旋翼三桨叶直升机，旋翼直径 8.5 米，尾桨有两片桨叶。

二、世界上第一架涡轮轴直升机

世界上第一架涡轮轴直升机 S-59 于 1954 年 6 月 1 日完成首飞，验证了涡轮发动机安装在直升机上的有效性。它配备了全金属铰接式的 4 桨叶主旋翼以及一副 3 桨叶尾桨。1954 年 8 月 26 日，创造了 251 千米每小时的直升机飞行速度世界纪录；1954 年 10 月 17 日，达到了 7474 米的高空，又创下了直升机飞行高度的世界纪录。

世界上第一架实用型直升机 VS-300

涡轮轴直升机 S-59

直升机分哪四代?

第一代:20 世纪 60 年代前出现的直升机,典型代表有苏联的米 -4 和美国的贝尔 -47,最大飞行速度 200 千米每小时,噪声高。

第二代:出现于 20 世纪 70 年代中期前,最大飞行速度 250 千米每小时,噪声有所下降。代表机型有苏联的米 -8、法国的 SA321 等。

第三代:最大飞行速度达到 300 千米每小时,噪声进一步得到控制,出现在 20 世纪 90 年代前。典型机型有法国的 AS-365、美国的 UH-60 和 AH-64 等。

第四代:飞行速度超过 300 千米每小时,噪声得到了较好控制。典型型号有北约组织的 NH-90 以及美国已停止研制的 RAH-66 武装直升机等。

三、世界上第一架武装直升机

AH-1 武装直升机是美国贝尔直升机公司于 20 世纪 60 年代中期为美国陆军研制的专用反坦克武装直升机,也是世界上第一种专用反坦克武装直升机,主要用于支援和配合地面部队作战。

该机采用流线型机身,驾驶员和副驾驶员(兼射击手)前后排列,机身宽仅 0.965 米。机身两侧有短翼,便于携带武器和在巡航时为旋翼卸载。空勤人员和直升机的重要部位都有装甲保护。起落架为不可收放的管状滑橇式(可选装地面操纵用机轮)。

该机安装两台涡轮轴发动机,总输出功率为 2423 千瓦,最大有

效载荷 2065 千克（燃油和武器），
最大速度 352 千米每小时，巡航速度
278 千米每小时，实用升限大于 4270
米，航程 587 千米，悬停高度 4495
米（有地效）、915 米（无地效），
机身长 17.68 米，机高 4.11 米，旋翼

武装直升机 AH-1

直径 14.63 米，最大起飞重量 6690 千克。机头下装有通用电气公司
的电动炮塔，内装 20 毫米 3 管式 M197 机炮，750 发炮弹箱直接放
在炮塔后面的机身内。

四、世界上现役最大的重型直升机

米 -26 直升机是世界上现役最大
的重型直升机，它于 1977 年 12 月
首飞，1983 年服役，1985 年批量装
备部队。它的机身长 40.03 米，机高
35.91 米，宽度 8.145 米。在中央机
身背部并列安装两台大型 Y-136 型
涡轴发动机。主旋翼有 8 片矩形桨叶，
直径达 32 米，机身内货舱内部尺寸
为长 15 米，宽 3.25 米，高 2.95~3.17

米 -26 直升机

米，最大起飞重量 56 吨。它总共创造过 16 项世界纪录，曾吊运探井设备掠过西伯利亚的雪原，冒着致命的核辐射在切尔诺贝利上空喷洒清洗剂，也曾在兴都库什山脉的皑皑雪中下吊出坠毁的美军"CH-47 直升机"，在东南欧一次次扑灭滚滚而来的森林大火，总之，它在世界各地都留下了令人难忘的身影。

五、世界上最大的直升机

苏联产的米 -12 重型直升机是世界上最大的直升机，它的两翼分别带有一个直径达到 35 米的螺旋桨，最大起飞重量达到 105 吨！

不过，因为它的身躯过于庞大，机动性很差，且操作不便，所以只生产过两架，现在已经变成"古董"收藏，分别陈列在俄罗斯的航空博物馆和莫斯科的工厂内。

米 -12 重型运输直升机

六、最快的直升机

当今最快的直升机是 V-22 直升机，它是由美国贝尔直升机公司和波音公司联合研发的，于 1989 年 3 月 19 日首飞成功，2006 年 11 月 16 日开始进入美国空军、海军服役。其外形与普通固定翼飞机相似，但翼尖有两台可旋转的发动机带动两具旋翼，因此它同时具备垂直起降和短距起降的能力。当发动机处于垂直状态时，可像普通直升机一样垂直起飞；达到一定飞行高度和飞行速度后，发动机向前转动90°呈水平状态，可像普通固定翼螺旋桨飞机一样飞行。它主要以航母和其他大型舰只为基地，为减小占据甲板空间，采用了折叠式桨叶，最高时速 650 千米。

该机乘员 2 人。机身长 17.5 米，旋翼直径 11.6 米，翼展 14 米，机高 5.5 米，空机重量 15032 千克，最大起飞重量 27400 千克，采用 2 台功率为 4590 千瓦的 T406 涡轴发动机，最大飞行速度 509 千米每小时，航程 1627 千米，实用升限 7925 米。

七、航程最大的直升机

CH-47 直升机是波音公司为美陆军研制的双旋翼全天候多功能运输直升机，其 D 型的最大航程可达 2059 千米，是目前航程最大的直升机。

V-22 直升机

CH-47D 直升机

八、全天候攻击直升机

AH-64 直升机是美国休斯直升机公司研制的武装直升机，是全天候双座攻击直升机，最大平飞速度 307 千米每小时，实用升限 6250 米，航程 578 千米，最大起飞重量 7890 千克，是美国当代主战武装直升机。

AH-64 直升机

水上飞机——出海蛟龙

水上飞机是指能在水面起降和停泊的飞机，在军事方面用于侦察、反潜；在民用方面用于运输、森林消防和救援活动等。其主要优点是安全性好，可在水域辽阔的河、湖、江、海水面上使用，地面辅助设施较经济。但缺点是受船体形状限制，不适于高速飞行，机身结构重量大，要求抗浪性高，维修不便，制造成本高。

水上飞机与普通飞机的区别是：

1）发动机高架，以免起降时飞溅的浪花影响发动机工作。

2）机身的中后部下方有"断阶"，以减少水的阻力。

3）在起落时，要有良好的水动性能，保证不出现"海豚"现象。

水上飞机按结构可分为浮筒式和机身式两大类。前者一般由普通飞机机身下安装一、两个浮筒而成；后者具有特殊形状的机身，能适应水上滑行的要求，也有单船身式和双船身式两种。单浮筒式或单船身式的水上飞机，在机翼左右两侧下方安装有支撑浮筒，以保证在水面停泊或滑行时的横向稳定。

水上飞机按动力装置可分为螺旋桨式和喷气式两大类。

水上飞机按停泊方式可分为水栖和水陆两栖两大类。前者上岸停放和维修时，需要装上机载滑行架，再用汽车拖曳；后者可用自带的起落架依靠发动机自行上岸。

单浮筒式

双浮筒式

螺旋桨式

喷气式

水上飞机的类别

一、水上飞机的鼻祖

世界上第一架依靠自身动力实现水上起飞和降落的水上飞机是由法国人亨利·法布尔制造的。1909 年，他制造了第一架浮筒式样机，机上安装了 3 个浮筒（一前二后）和 3 台发动机，共同带动一副螺旋桨，但试飞时没有成功。同年下半年制造的第二架样机，1910 年 3 月在马赛附近的海面上试飞成功，世界上第一架浮筒式水上飞机就这样诞生了。

二、世界上最大的水上飞机

美国 H-4 水上飞机是世界上最大的水上飞机，它机身长 66.6 米，机高 9.15 米，翼展 97.54 米，起飞重量 181.4 吨，装有八台发动机。

法布尔造的第一架水上飞机（摄于 1912 年 3 月）

H-4 水上飞机

三、世界上最大的喷气式水陆两用飞机

俄罗斯 A-40 水陆两用飞机是世界上最大的喷气式水陆两用飞机，

其机身长 43.84 米，翼展达 41.62 米，最大起飞重量达 86 吨，续航能力约 4000 千米。它可以装备既能攻击潜艇也能攻击水面舰船的自导鱼雷，或者反潜导弹、深海炸弹、水雷、声呐浮标以及特种电子侦察设备。

四、特别实用的喷气式水上飞机

俄罗斯别 -200 水上飞机是特别实用的喷气式多用途水陆两用飞机，1999 年首飞，2002 年开始批量生产，主要用于消防，同时可用于反潜巡逻、海上搜救和客货运输。

俄罗斯 A-40 水陆两用飞机　　　　别 -200 水上飞机

其他飞机——各显神通

本节介绍其他几种飞机，如空中救援机、飞行表演机、灭火飞机、农用飞机、空中加油机等。

一、空中救援机——空中 ICU

在和平环境中，需要救援的情况层出不穷，比如遇到水灾、火灾、地震和车祸等，在战争环境下，需要救援的情况更是数不胜数。届时，时间就是生命，空中救援机的到来，会给灾难、绝境中的人们带来莫大的希望。为此，不少国家都有专业的空中救援机构，而他们必不可少的设备便是空中救援机。下面是几个比较典型的机型。

豪客比奇空中国王

EC-135 直升机

H145 直升机

BO105 直升机

空中救援机

二、飞行表演机——空中舞者

飞行表演机身怀绝技，可以在低空做各种翻滚、倒飞、转弯动作，还可以把飞行轨迹组成各种图案。这种飞机多数为轻型活塞式飞机或轻型喷气式飞机。

飞行表演机（英国红箭特技飞行队的飞机在倒飞）

相关链接

喷气式飞机在天空中留下的白色拖尾是什么？

飞机在天空中拖出的白线叫作水汽拖尾或者凝结尾迹。航空燃料燃烧后产生二氧化碳和水汽，水汽在空中冷凝为小水滴。如果你细心留意，你会看到飞机和水汽拖尾之间总是有段间隙——那是因为水汽变成水滴需要一点时间。

飞行表演队的彩带是怎么拉出来的？

飞机拉出来彩带的原理和婚庆手持彩色烟雾炮和烟雾棒雷同。

飞行表演机安装了拉烟器，专用烟雾油进入拉烟器后，通过管道喷射到飞机的尾喷管，利用飞机发动机的热量和强气流将其雾化，形成尾烟，把飞机优美的运动路径显示在空中，使人们清楚地看到飞机各种惊险动作的运动轨迹，十分引人入胜。如果气流比较稳定，其形状可以保持两到三分钟。

三、灭火飞机——空中消防车

灭火飞机用于从空中灭火，通常用于森林大火等大面积火灾。

四、农用飞机——农民好帮手

农用飞机可用于播种、施肥、除虫和增雨等作业。

灭火飞机（波音747超级灭火飞机）　　农用飞机（美国派珀 J-3C）

五、空中加油机——会飞的油库

空中加油机多由大型客机、运输机或战略轰炸机改装而成，用来给飞行中的飞机补充燃料，以增大航程，延长续航时间，增加有效载

KC-10 正在给 FA-18 战斗机加油

重，提高作战能力，其意义之重大不言而喻。加油机的油箱都设在飞机重心附近，加油设备大都装在机身尾部，少数装在机翼下的吊舱内，由飞行员或加油员操纵。

美国是世界上空中加油机最多的国家，其数量约占全球数量的2/3，其中以 KC-10 最为有名。

六、航天飞机

航天飞机是一种能载人往返于近地轨道和地面间的可重复使用的航天器，它由一个轨道器、两个固体火箭助推器和一个大型外挂贮箱组成。其用途是发射和修理卫星。

燃料箱

航天飞机，可搭载宇航员多名，装载卫星科学仪器等

左右两个固体火箭助推器

哥伦比亚号航天飞机

相关链接

为什么要在航天飞机上做实验？

在太空，绝对没有空气，没有污染，零下 270℃的低温且不受地球引力的干扰。这在地面上的任何实验室里，都是绝不可能做到的。在航天飞机上做实验，就有可能创造出全新的科学奇迹。最吸引人的太空实验，就是试验新的生产加工方法，如冶炼新的合金、各种材料的焊接、制造质地纯净的玻璃、提炼合成新的化学药物等。

飞机设计师都做些什么？

一架飞机，无论是客机、运输机还是其他类型，它的诞生都要从构思、设计到生产、交货，经过一个复杂、漫长甚至是痛苦的过程，因为在立项前要对需求、可行性、安全性和经济性相协调的问题进行论证分析，有时候还要相互做一些协调，立项后要对详细设计、全面试制和强度试验、试飞和适航性等进行论证，这是一个理论→实践→再理论→再实践不断循环的过程。

具体来说，飞机设计师设计制造一架飞机要经过方案设计、制造加工、强度试验、飞行试验等阶段。

一、方案设计

飞机的方案设计包括概念性设计、初步设计和详细设计。

（一）概念性设计

1. 根据需方提出的设计任务书，对飞机的气动布局、性能、重量、电子电器、武器、所需新技术、费用和市场前景等方面进行初步和全面的构思，提出一套合理组合的设计要求。

2. 在设计要求的基础上，进行型式和气动布局的对比和研究，确定发动机和主要的机载设备及机翼、机身、尾翼的位置、形状和设计参数，并给出飞机的内部布置方案。

（二）初步设计

1. 绘制飞机的三面草图，初步估算性能，选定最合理的方案。做出各种方案的模型，进行气动分析和风洞试验、全机载荷计算、性能和飞机剖面计算、操纵性和稳定性分析和气动弹性分析等，提供原始气动力数据。

相 关 链 接

风洞试验的主要目的是什么？对风洞模型有什么要求？

风洞是一种根据相似理论，利用人造气流来进行飞机空气动力实验的设备。在风洞中，根据相对运动原理，利用人造风吹过飞机或机翼模型，来研究模型上产生的空气动力的大小和变化。

风洞分亚声速、跨声速、超声速以及高超声速风洞等。

通过风洞试验，可以获得飞机的升力系数、阻力系数和升阻比相对于迎角 α 的曲线。就翼剖面来说，还可通过试验求得极曲线、压力中心和迎角变化曲线、力矩曲线等。

风洞试验

对风洞模型的要求是做到"三个相似"：

1）几何相似：模型各部分的几何尺寸按真飞机的尺寸，以同一比例缩小。

2）运动相似：使模型同真飞机的各对应部分的气流速度大小成同一比例，而且流速方向也要相同。

3）动力相似：使作用于模型上的空气升力和阻力同作用于真飞机上的空气动力的大小成比例，而且方向相同。

2. 对主要受力部件（机翼大梁、机身加强框和起落架等）进行初步设计和分析，选择合理的结构形式、新材料、新工艺，进行重量、重心位置估算。

3. 对所有系统进行原理设计，确定主要附件和系统的功能；对管道、电缆进行初步设计和通路协调。

4. 在全尺寸图纸或计算机屏幕上，画出全套图样。

5. 根据图样制造全尺寸样机，用户在全尺寸样机和真实座舱环境中检查是否符合使用要求。

概念性设计和初步设计也称为总体设计，这是非常重要的一环，一旦有闪失，就可能无法完成后面的详细设计。

（三）详细设计

进行结构和系统的详细设计和分析，包括设计分离面和工艺分离面的划分、所有零部件设计，提供全部零件图、装配图和总图。

相关链接

什么是设计分离面？什么是工艺分离面？

1. 设计分离面：根据飞机结构的使用功能、维护修理、运输方便等方面的需要，将整架飞机在结构上划分为许多部件、段件和组件，所形成的分离面称为设计分离面。例如，按使用功能，有机身、机翼、襟翼、副翼、垂直尾翼（垂直安定面）、方向舵、水平尾翼（水平安定面）、升降舵、座舱盖、前起落架、主起落架、发动机舱、各种舱门等；按维护修理的需要，有前、后机身、各种口盖等。设计分离面之间采用可拆卸的连接（螺栓、铰链连接等）。

　　2. 工艺分离面：在生产（装配）过程中，根据工艺需要，将飞机结构进一步划分所形成的分离面称为工艺分离面。工艺分离面之间一般采用不可拆卸的连接（铆接、粘接、焊接等），且装配成部件后，工艺分离面消失。

二、制造加工

　　飞机的制造加工是指根据定稿的设计图样生产出零件，再装配成部件。

　　一架乘坐 19 人以下的小型飞机的零部件多达 10 万以上；像 C919 这样的大型客机，约有 250 万个零件；而像波音 -747 这样的飞机零件数量高达 600 万个。要将如此多的飞机零件按一定组合和顺序装配成组件和部件，同时保证它们相互之间的互换和协调，是一项高度集成的系统工程，是一件非常细致而又十分艰巨的工作。飞机的外形，特别是机翼和尾翼的外形，要求是很严格的。那么它们的尺寸如何保证呢？老式的经典工艺和现代的先进工艺是完全不同的。

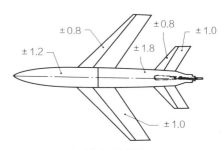

某飞机对部件外形准确度的要求

（一）老式工艺

由于飞机结构中，蒙皮、肋和框等薄壁零件很多，所以在以往的飞机制造中，采用不同于一般机械制造的协调技术（模线样板工作法）和大量的工艺装备，如各种模板、工夹具、模胎和装配型架等，来保证制造出来的飞机具有准确的外形。

所谓装配型架，是一个刚性构架，由框架、若干卡板和夹紧件（弹性绷带）组成。机翼型架的内形与机翼蒙皮的外形相同；机身型架的外形与机身蒙皮的内形相同。不同部位的构件都有相应的型架。铆接前先在型架内（外）铺好蒙皮并用绷带夹紧，再将其与桁条、翼肋（框）相铆接，最终形成一个刚性部件。右图所示为机翼前缘的蒙皮、肋和型架卡板的相对位置；下图所示为机身装配型架和铆接机身蒙皮的情景。

很明显，这种飞机装配方法的工艺装备繁多，装配工作量巨大，准确度难以保证，制造周期长，劳动条件差。

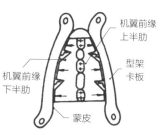

机翼前缘上半肋

型架卡板

机翼前缘下半肋

蒙皮

机翼前缘的蒙皮、肋和型架卡板的相对位置

机身装配型架和铆接机身蒙皮时的情景

（二）现代工艺

随着计算机时代的到来，飞机研制过程中大量采用了数字化设计制造（CAD/CAPP/CAM，DNC）和复合材料成形等新技术，促使飞机装配技术也发生了相应的变革。另外，随着大型飞机的增多，采用经典工艺会使其装备数量和重量呈几何级数增加。因此，以数字量传递飞机尺寸和

某部件的自动化装配型架

形状的互换协调体系（无外形卡板型架装配技术）的全新现代工艺势在必行，只有这样，才能实施飞机部件和总体的自动化装配。

（三）飞机装配所需要的设备

现代飞机装配所使用的设备包括自动钻铆机、壁板钻铆系统、串并联混合形式的自动钻铆系统、机器人自动钻孔设备以及地面运输车和测量设备（激光跟踪仪和室内 GPS）。总装时，还需要柔性定位器、阵列式数控柔性气动卡具和柔性型架等。

（四）数字化设计自动化装配的成效

美国波音公司首先实现了无纸作业的数字化手段，开发了新一代先进的波音 777 客机，使其提前一年投入市场。洛克希德·马丁公司

在新一代 JSF 联合攻击战斗机的研制中，广泛应用了数字化技术，使飞机总装一次完成，制造成本降低 50%，研制周期从原来的 42 个月缩短至 24 个月，成效十分明显。下图是波音公司客机的加工与装配情况，其过程完全实现了自动化。

机身的加工与装配

机翼的加工与装配

波音客机机身与机翼的总装

三、强度试验

飞机的强度试验包括（各主要部件和全机的）静强度试验和疲劳强度试验。

（一）静强度试验

静强度试验的目的，是通过试验观察和研究飞行器结构或构件，在静载荷作用下的强度、刚度以及应力、变形分布情况，是验证飞行器结构强度和静力分析正确性的重要手段。

飞机在做静力试验前，要在指定加载点贴好应力试验片和安装好传感器测量系统。传感器把测量得到的各加载点的应变大小转化成电信号，集中传给计算机，计算出各加载点的应力值，并据此与设计值相比较。

（二）疲劳试验

飞机的疲劳试验要求飞机结构通过应用当量化载荷谱和放大载荷谱加载试验台模拟长达几万小时飞行过程，机体结构要保持完整，机翼要反复拉起放下，而机身也要反复充气、保持、泄气，如此重复，非常繁琐。只有通过这样的"残酷"考验，才能保障飞机的安全出行。

四、飞行试验

飞机的飞行试验简称试飞，是在飞机交付使用之前，在真实的飞行环境条件下进行的各种试验，如飞行性能测试、飞行数据采集等，飞机各零部件和设备的可靠性和完善程度，用以鉴定设计指标、适航性和使用性能。这是个检验以前所有工作正确与否的过程。

试飞要严格按照试飞大纲进行，一般是由简单到高级，发现什么问题，解决什么问题。了解飞机的性能和极限，一般包括低速、中速、高速、抬前轮滑行、起降流程和稳定裕度。故障试飞包括单发失效重启、襟翼故障等。再往后就是高难度科目了：失速试飞和尾旋试飞，有些还做无动力飘降，最后做适航性试飞。

有的机型试飞还要用多架飞机，分工试验不同的项目。

飞行试验最基本的项目一般包括：

1. 中断起飞测试

这是飞机获得适航认证中最严苛的测试之一。飞机要测试可能出现的最严苛的条件，例如制动踏板完全磨损、飞机达到最大起飞重量、反推装置禁止使用等。

2. 最小起飞速度测试

要求飞行员在飞机不同配置条件下确定飞机的最小起飞速度。

3. 失速测试

这也是一项重要的测试。飞行速度越慢，飞机就越需要更大的迎角以获得与飞机自身重量相等的升力。随着飞行速度进一步下降，这个迎角将达到失速临界迎角。

4. 极端天气测试

包括可能遇到的高温、低温以及有风、雨天和雪天条件下的测试，以确保飞机的发动机、材料和控制系统能在极端天气条件下正常运行。另外，飞机还将在高海拔和低海拔地区进行飞行测试。

5. 溅水测试

测试下雨天飞机在湿滑跑道上的性能，以及确定机身的雨水和主起落架溅出的雨滴不会进入发动机。其方法是让飞机冲入跑道中一块通常是长 350 米、宽 100 米的水槽以进行测试。

6. 鸟击测试

鸟击是飞机飞行中常见的威胁。测试的方法是用一种大口径的压缩空气炮，测试飞机的挡风玻璃强度以及发动机的安全性能。这种装置可以在不到 1 秒的时间内模拟鸟群撞击，向飞机的发动机叶片发射 8 只刚解冻的重量达到 680 克的鸡，模拟高速飞行状态下的鸟群撞击。

7. 雷击测试

飞机机身大多是可导电的铝板，进入风暴云后，会自动释放大量集结的静电。但是为保险起见，严格规定，所有的飞机都必须具备电屏蔽的功能，以保证飞机内部免受雷击影响。